Remicon

레미콘 • 건축 • 토목공사의 품질관리를 위한

레미콘 품질관리(V)

한천구 저

기문당

머리말

본서는 ㈜건설미디어사에서 발행하는 월간지 「레미콘 · 아스콘 · 골재」에서 「한천구의 실무교실」 제1회에서 50회까지를 모은 「레미콘 품질관리(Ⅰ)」, 제51회에서 100회까지를 모은 「레미콘 품질관리(Ⅱ)」, 제101회에서 150회까지를 모은 「레미콘 품질관리(Ⅲ)」, 제151회에서 200회까지를 모은 「레미콘 품질관리(Ⅳ)」에 이어 제201회부터 250회까지를 모은 것으로 「레미콘 품질관리(Ⅴ)」이다.

처음 집필을 시작할 때에는 젊은 나이였는데, 20여년이 지나 이제는 65세 정년퇴임을 목전에 두고 있다. 처음에는 별것도 아닌 미미한 것이었지만 250회까지 모으니 그런대로 레미콘 품질관리와 관련하여 어느 정도 자료가 쌓였다. 지난날을 뒤돌아 보면 세월이 참 빠르다는 것을 느낀다. 지난 Ⅳ권의 머리말에서 끝마무리를 생각해 보아야 함을 언급했는데, 아직도 정리가 덜된 곳이 많아 계속하지 않을 수 없다. 그러나 정년퇴임 후의 생활이 어떻게 될지 정해지지 않아 미지수지만 힘이 되고 여건이 되는 한 부족한 부분을 보충하며 가능하다면 300회의 Ⅵ권까지는 계속해 보고자 하는 목표를 세우고 서서히 마무리를 시도해볼까 한다. 역시 독자 여러분의 지속적인 관심과 지도편달을 부탁하는 바이다.

끝으로 제Ⅰ권~Ⅳ권에 이어 Ⅴ권이 발간될 수 있도록 기회를 마련해준 ㈜건설미디어사의 김종섭 발행인님과 정혜진 편집국장님 및 편집담당자님의 도움에 감사하고, 청주대학교 건축재료시공 연구실에서 원고정리에 애써준 강병희, 윤정완, 문동근, 이재진, 백철, 이혁주 군 등 여러 제자에게 고맙게 생각하며, 출판을 도와준 기문당 강해작 사장님께도 감사의 마음을 전한다.

2018년 5월

우암산 기슭 연구실에서

한 천 구

차 례

IV 레미콘 품질관리

I 원재료

1. 콘크리트용 골재 표준 통합(Ⅰ)
2. 콘크리트용 골재 표준 통합(Ⅱ)
3. 혼화재료의 정의 및 분류
4. AE제
5. 감수제 · AE감수제
6. 고성능감수제 · 유동화제
7. 고성능AE감수제
8. 응결시간 조절제
9. 멍청한 실험, 위대한 발견
10. 자기수축 저감제의 개발
11. 자기수축 저감제의 실구조체 적용
12. ERCO의 내구성 증진제 및 기타 활용
13. 가뭄 극복 레미콘 용수

1. 콘크리트용 골재 표준 통합(Ⅰ)

1.1 서 언

콘크리트용 골재와 관련하여 그동안 표 1과 같이 10종으로 관리되던 KS 표준이 필자의 연구참여 등에 따라 2016년 8월 3일 KS F 2527(콘크리트용 골재) 한 종으로 통합되었다. 따라서 이 단원에서는 콘크리트용 골재의 통합배경이며 그 내용요약에 대하여 다음 단원까지 연속하여 소개해 보고자 한다.

1.2 통합배경

1965년 우리나라에 레미콘 산업이 최초로 도입된 이듬해인 1966년에 KS F 2526으로 「콘크리트용 골재」가 제정된 이래 표 1과 같이 골재와 관련해서는 콘크리트용 10종, 아스콘용 · 도로용 · 기타의 경우 9종으로 총 19종이 있었다.

그런데 콘크리트용 골재 이외의 골재에 대하여는 논외로 하고, KS F 2527(콘크리트용 골재) 제정 이후 각종 골재가 KS 표준으로 제정 및 개정되면서 일부 문제점이 노출되어 통합이 필요하게 되었는데, 그 내용을 정리하면 다음과 같다.

(1) KS F 2526의 「콘크리트용 골재」는 포괄적인 용어로서 1967년 KS F 2527로 「콘크리트용 부순골재」가 제정되었다면 KS F 2526은 「콘크리트용 천연골재」로 변경되었어야 하는데, 수정되지 않고 있었으므로 용어에 혼란을 초래하였다.

표 1 각종 골재 표준

사용용도	표준번호	표준명	제정연도
콘크리트용 표준 10종	KS F 2526	콘크리트용 골재	1966-07-12
	KS F 2527	콘크리트용 부순 골재	1967-07-14
	KS F 2534	구조용 경량골재	1971-06-30
	KS F 2544	콘크리트용 고로 슬래그 골재	1981-12-11
	KS F 2568	콘크리트용 용융 슬래그 골재	2006-12-14
	KS F 2573	콘크리트용 순환 골재	1999-05-06
	KS F 2543	콘크리트용 동 슬래그 골재	2000-11-28
	KS F 2583	콘크리트용 연 슬래그 골재	2002-10-21
	KS F 4571	콘크리트용 전기로 산화 슬래그 골재	2007-07-31
	KS F 2790	콘크리트용 페로니켈 슬래그 잔골재	2009-10-30
아스콘용 표준 3종	KS F 2357	아스팔트 혼합물용 골재	1970-10-31
	KS F 2532	아스팔트 표면 처리용 부순 골재, 부순 슬래그 및 골재	1971-06-30
	KS F 2572	아스팔트 콘크리트용 순환골재	1999-05-06
도로용 표준 4종	KS F 2525	도로용 부순 골재	1967-07-14
	KS F 2528	비포장 도로용 흙-골재 재료	1969-07-10
	KS F 2574	도로보조기층용 순환 골재	1999-05-06
	KS F 4569	도로용 바텀애시 골재	2007-12-24
기타 표준 2종	KS F 2551	절연 콘크리트용 경량 골재	1975-11-11
	KS F 2578	미장용 잔골재	2002-07-30
	KS F 4570	프리캐스트 콘크리트용 바텀애시 골재	2007-06-29

(2) KS F 2527 이후 추가로 각종 골재를 제정할 경우 KS F 2528, 2529와 같이 이어서 번호가 붙여져야 하지만, KS F 2528에는 「비포장 도로용 흙골재 재료」가 제정되어 있음에 빈곳을 찾아 넣다보니 KS F 2534, 2544, 4571 등 산발적으로 존재하여 체계적이지 못하였다.

(3) 새로운 골재를 KS 표준에 제정할 경우는 이전의 골재규정과 비교하면서 유기적으로 작성되었어야 하나 실제 생산되는 순환자원 등의 실상을 반영하다보니 서로 다른 체계 및 입도 등 품질을 규정하고 있었다.

(4) KS 표준은 3년에 한 번의 주기로 확인, 개정 등 절차를 밟고 있는데, 어느 규격은 개정되었더라도 유사한 다른 규격의 골재는 개정되지 않

고있어 모순이 발생할 수 있었다.

(5) 추가로 새로운 골재가 출현하여 이것을 새로운 표준으로 규정할 경우, 통합골재로 운용할 경우는 간단히 추가하면 개정할 수 있지만, 종전의 체계라면 완전히 새로운 표준을 제정해야 함에 번잡스러웠다.

1.3 통합서술체계

통합배경에서 언급한 것처럼 여러 가지 이유에서 기존의 콘크리트용 골재 관련 KS 표준에는 통합필요성이 제기되었다. 따라서 10종의 콘크리트용 골재 관련 KS 표준을 KS F 2527(콘크리트용 골재) 하나로 통합하여 서술체계 및 품질규정을 통일하게 되었는데, 먼저 통합서술체계는 표 2의 우측과 같이 정리하게 되었다.

단, 최초안으로는 KS F 2526으로 통합하도록 정리하였으나 기존에 부순골재 생산 KS 업체를 KS F 2527 업체로 지정해준 곳이 있었으므로 KS F 2526이 되면 KS 심사를 다시 받아야 하는 불합리한 점이 있어 KS F 2527로 정리하게 된 것이다.

1.4 골재의 종류

KS F 2527에서는 골재의 종류에 관한 분류로서 발생원에 따라, 품질수준에 따라, 입자크기의 범위에 따라, 알칼리 골재반응에 따라 구분하는 것이 정해져 있는데, 상세한 내용은 KS 표준을 참조하고, 대표적으로 발생원에 따른 분류를 소개하면 표 3과 같다.

표 2 통합 KS 통합 개정(안)

KS F 2526 콘크리트용 골재	KS F 2527 콘크리트용 부순골재	KS F 2534 구조용 경량골재	KS F 2543 콘크리트용 동슬래그 골재	KS F 2544 콘크리트용 고로슬래그 골재	KS F 2568 콘크리트용 용융슬래그 골재	KS F 2573 콘크리트용 순환골재	KS F 2583 콘크리트용 연슬래그 골재	KS F 2790 콘크리트용 페로니켈 슬래그골재	KS F 4571 콘크리트용 전기로 산화슬래그골재	KS F 2526 통합(안)
				서문						
1. 적용범위	1. 적용범위7	1. 적용범위	1. 적용범위	1. 적용범위	1. 적용범위	1. 적용범위	1. 적용범위	1. 적용범위	1. 적용범위	1. 적용범위
2 인용규격	2 인용규격	2 인용표준	2 인용규격	2 인용규격	2 인용표준	2 인용표준	2 인용규격	2 인용표준	2 인용표준	2 인용표준
	3. 제조									3. 제조
	4. 종류	3. 종류	3. 종류	3. 종류, 구분 및 호칭방법	3. 종류, 구분 및 호칭방법		3. 종류	3. 정의, 구분 및 호칭방법	3. 종류, 구분 및 호칭방법	4. 종류
3. 일반적 성질	5.품질	4. 품질	4. 품질	4. 품질	4. 품질	3. 일반적 성질	4. 품질	4. 품질	4. 품질	5. 품질
4. 물리적 성질						4. 물리적 성질				5.1 일반적 성질
5. 유해물질						5. 입도				5.2 물리적 성질
6. 입도		5. 입도								5.3 유해물질
										5.4 입도
7. 시료채취 및 시험방법	6. 시험방법	6. 시험방법	5. 시험방법	5. 시험방법	5. 시험방법	6. 시료채취 및 시험방법	5. 시험방법	5. 시험방법	5. 시험방법	6. 시료채취 및 시험방법
						7. 순환골재로 만든 콘크리트의 적용 분야				
8. 검사	7. 검사	7. 검사	6. 검사방법	6. 검사방법	6. 검사	8. 검사	6. 검사방법	6. 검사방법	6. 검사방법	8. 검사
9. 표시	8. 표시	8. 표시	7. 표시	7. 표시	7. 표시	9. 표시	7. 표시	7. 표시	7. 표시	8. 표시
10. 보고	9. 보고		8. 보고	8. 보고	8. 보고	10. 보고	8. 보고	8. 보고	8. 보고	9. 보고

표 3 발생원에 따른 골재분류

종류			기호	내용
천연골재	굵은골재		NG	하천, 산림, 공유수면이나 그밖의 지상, 지하 등에 부존하는 자연 상태의 모래 또는 자갈을 파쇄, 입도선별, 세척 등을 통해 생산하는 골재
	잔골재		NS	
부순골재	굵은골재		CG	천연 상태의 암석 또는 공사현장 등에서 발생하는 암석, 모래, 자갈을 파쇄, 입도선별, 세척 등을 통해 생산하는 골재
	잔골재		CS	
고로 슬래그 골재	굵은 골재	N	BFG	용광로에서 선철과 동시에 생성되는 용융 슬래그를 물 또는 공기로 급격히 냉각시켜 입도 조정한 것
		H		
	잔골재		BFS	용광로에서 선철과 동시에 생성되는 용융 슬래그를 물 또는 공기로 급격히 냉각시켜 입도 조정한 것
전기로 산화 슬래그 골재	굵은 골재	N	EFG	전기로에서 용강과 동시에 생성되는 용융 산화 슬래그를 공기 중에서 서서히 냉각시킨 후 철분을 제거하여 입도 조정한 것
		H		
	잔골재	N	EFS	전기로에서 용강과 동시에 생성되는 용융 산화 슬래그를 물 또는 공기로 급격히 냉각시키거나 공기 중에서 서서히 냉각시킨 후 철분을 제거하여 입도 조정한 것
		H		
동 슬래그 골재	잔골재		CUS	로에서 동과 동시에 생성하는 용융 슬래그를 물 또는 공기로 급격히 냉각시키거나 공기 중에서 서서히 냉각시켜 입도 조정한 것
연 슬래그 골재	잔골재	N	LS	연광석을 제련로에서 연속으로 용융, 환원할 때 생성되는 용융 슬래그를 물 또는 공기로 급격히 냉각(Ⅰ형)시키거나 공기 중에서 서서히 냉각(Ⅱ형)시켜 입도 조정한 것
		H		
페로니켈 슬래그 골재	잔골재		FNS	로에서 페로니켈과 동시에 생성되는 용융 슬래그를 물 또는 공기로 급격히 냉각시키거나 공기 중에서 서서히 냉각시켜 입도 조정한 것
용융 슬래그 골재	굵은골재		MG	일반 폐기물 및 하수 슬러지의 용융 고화 시설에서 제조된 용융물을 냉각 고화하여 입도 조정한 것
	잔골재		MS	
순환골재	굵은골재		RG	기존 콘크리트 구조물의 철거로 인해 발생되는 폐콘크리트 등과 같이 이미 경화된 콘크리트를 파쇄하여 가공한 골재
	잔골재		RS	
구조용 경량 골재	인공 경량 골재	굵은 골재	ALG	고로슬래그, 점토, 규조토암, 석탄회, 점판암과 같은 것을 팽창, 소성, 소괴하여 생산되는 골재
		잔골재	ALS	
	천연 경향 골재	굵은 골재	NLG	경석, 화산암, 응회암과 같은 천연재료를 가공한 골재
		잔골재	NLS	
	바텀애시 경량 골재	잔골재	BLS	화력발전소에서 부산되는 바텀애시를 가공한 골재

2. 콘크리트용 골재 표준 통합(Ⅱ)

2.1 서 언

이전 단원에서는 콘크리트용 골재 관련 10종의 KS 표준을 KS F 2527 하나로 통합하는 것과 관련한 배경, 서술체계, 종류에 대하여 소개하였다.

본 강좌에서는 이전 강좌의 연속으로 잔여 부분인 품질 부분을 중심으로 그 내용을 소개해 본다.

2.2 품 질

개정된 KS F 2527에는 당초의 KS 표준 10종의 품질내용을 취합하는 수준으로 정리하였다. 이중 물리적 성질은 표 1, 화학성분은 표 2, 유해물질의 경우는 표 3과 같다. 기타 골재의 입도, 시료채취 및 시험방법, 검사, 표시 및 보고의 내용과 KS 표준의 해설은 KS F 2527을 참조하기 바란다.

그림 1 KS F 2527 표준

표 1 골재의 물리적 성질

구분			기호	절건밀도 (g/cm³)	흡수율 (%)	안정성 (%)	마모율 (%)	입형판정 실적률 (%)	단위용적 질량(kg/ℓ)		팽창성[1] (%)	수중 침지 시험	자외선(360.0 nm) 조사 시험
천연골재	굵은골재		NG	2.5 이상	3.0 이하	12 이하	40 이하						
	잔골재		NS	2.5 이상	3.0 이하	10 이하							
부순골재	굵은골재		CG	2.5 이상	3.0 이하	12 이하	40 이하	55 이상					
	잔골재		CS	2.5 이상	3.0 이하	10 이하		53 이상					
고로 슬래그 골재	굵은골재	N	BFG	2.2 이상	6.0 이하				1.25 이상			균열, 분해, 진흙화, 분화 등의 현상이 없어야 한다.	발광하지 않거나 또는 균일한 자주색으로 빛나고 있어야 한다.
		H		2.4 이상	4.0 이하								
	잔골재		BFS	2.5 이상	3.5 이하				1.35 이상				
전기로 산화 슬래그 골재	굵은골재	N	EFG	3.1 이상 4.0 미만	2.0 이하				1.45 이상				
		H		4.0 이상 4.5 미만	2.0 이하				1.60 이상				
	잔골재	N	EFS	3.1 이상 4.0 미만	2.0 이하				2.00 이상				
		H		4.0 이상 4.5 미만	2.0 이하				1.80 이상				
동 슬래그 골재	잔골재		CUS	3.2 이상	2.0 이하				2.20 이상				
연 슬래그 골재	잔골재	N	LS	3.2 이상	2.0 이하				1.80 이상				
		H							1.70 이상				
페로니켈 슬래그골재	잔골재		FNS	2.7 이상	3.0 이하				1.50 이상				
용융 슬래그 골재	굵은골재		MG	2.5 이상	3.0 이하	12 이하		55 이상			2 이하		
	잔골재		MS	2.5 이상	3.0 이하	10 이하		53 이상			2 이하		
순환 골재	굵은골재		RG	2.5 이상	3.0 이하	12 이하	40 이하	55 이상					
	잔골재		RS	2.2 이상	5.0 이하	10 이하		53 이상					
구조용 경량 골재	인공 경량 골재	굵은골재	ALG						0.88 이하	1.04 이하[2]			
		잔골재	ALS						1.12 이하				
	천연 경량 골재	굵은골재	NLG						0.88 이하				
		잔골재	NLS						1.12 이하				
	비팀에시 경량 골재		BLS			10 이하			1.20 이하				

1) 부속서 C(모르타르 팽창률)에 따른다. 2) 굵은골재와 잔골재를 혼합한 단위용적질량

표 2 골재의 화학성분

구분			기호	산화칼슘 (CaO)	산화마그네슘 (MgO)	황 (S)	삼산화황 (SO_3)	철 (FeO)	금속철 (Fe)	염기도 (CaO/SiO_2)
고로슬래그 골재	굵은골재	N	BFG	45.0 이하		2.0 이하	0.5 이하	3.0 이하		
		H		45.0 이하		2.0 이하	0.5 이하	3.0 이하		
	잔골재		BFS	45.0 이하		2.0 이하	0.5 이하	3.0 이하		2.0 이하
전기로산화 슬래그 골재	굵은골재	N	EFG	40.0 이하	10.0 이하			50.0 이하		2.0 이하
		H		40.0 이하	10.0 이하			50.0 이하		2.0 이하
	잔골재	N	EFS	40.0 이하	10.0 이하			50.0 이하		2.0 이하
		H		40.0 이하	10.0 이하			50.0 이하		
동 슬래그 골재	잔골재		CUS	12.0 이하		2.0 이하	0.5 이하	70.0 이하		
연 슬래그 골재	잔골재	N	LS	20.0 이하		2.0 이하	0.5 이하	60.0 이하		
		H								
페로니켈 슬래그 골재	잔골재		FNS	5.0 이하	40.0 이하	0.5 이하		13.0 이하	1.0 이하	
용융 슬래그 골재	굵은골재		MG	45.0 이하		2.0 이하	0.5 이하		1.0 이하	
	잔골재		MS	45.0 이하		2.0 이하	0.5 이하		1.0 이하	
구조용 경량 골재	인공 경량 골재	굵은골재	ALG							
		잔골재	ALS							
	천연 경량 골재	굵은골재	NLG							
		잔골재	NLS							
	바텀애시 경량 골재		BLS				0.8 이하			

(단위 : %)

표 3 골재의 유해물질 함유량의 허용값

구분			기호	점토덩어리[3] (%)	연한석편[3] (%)	0.08 mm 체통과량[4](%)	석탄 및 갈탄[4]	염화물[5] (NaCl 환산량)	강열 감량	이물질 함유량[6]	
										유기 이물질 (%)	무기 이물질 (%)
천연 골재	굵은골재		NG	0.25 이하	5.0 이하	1.0 이하 1.0 이하	0.5 이하 1.0 이하				
	잔골재		NS	1.00 이하		3.0 이하 5.0 이하	0.5 이하 1.0 이하	0.04 이하			
부순 골재	굵은골재		CG			1.0 이하					
	잔골재		CS			0.7 이하					
동 슬래그 골재	잔골재		CUS					0.03 이하			
연 슬래그 골재	잔골재	N H	LS					0.03 이하			
용융 슬래그 골재	굵은골재		MG			1.0 이하		0.04 이하			
	잔골재		MS			7.0 이하 5.0 이하		0.04 이하			
순환 골재	굵은골재		RG	0.2 이하		0.1 이하				1.0 이하 (용적)	1.0 이하 (용적)
	잔골재		RS	1.0 이하		7.0 이하				1.0 이하 (용적)	1.0 이하 (용적)
구조용 경량 골재	인공경량 골재	굵은골재	ALG	2.0 이하					5 이하		
		잔골재	ALS								
	천연경량 골재	굵은골재	NLG	2.0 이하					5 이하		
		잔골재	NLS								
	바텀애시 경량 골재		BLS	2.0 이하		5.0 이하		0.025 이하	5 이하		

3) 점토 덩어리와 연한 석편의 합이 5%를 넘으면 안 된다.
4) 상부의 숫자는 콘크리트 표면이 마모를 받거나 중요한 경우이고, 하부는 그 이외의 경우
5) 무근 콘크리트에 사용할 경우에는 적용하지 않는다.
6) 이물질이란 콘크리트에 포함될 경우 품질에 유해한 영향을 주는 물질로서 유기 이물질로 구분하며, 목재, 비닐, 천 조각, 플라스틱, 종이류 등의 유기 이물질과 폐아스콘, 유리, 슬레이트, 적벽돌, 자기류, 타일류 등의 이물질이 해당된다.

3. 혼화재료의 정의 및 분류

3.1 서 언

얼마 전 해외여행을 할 때 대한항공에서 기내식으로 비빔밥이 나왔는데 의외라고 생각했지만, 그래도 맛있게 먹은 기억이 있다. 의외의 발생이 히트가 될 수도 있는데, 평범한 기내식에서 고추장을 넣고 비비는 비빔밥이 히트했다면, 그 안에 또 다른 무엇을 넣어 맛과 향을 향상시키고 영양가를 높여준다면 더욱더 대박이 될 수 있을 것이다. 이러한 개념으로 레미콘에서 기본재료 외에 추가로 넣는 재료가 혼화재료이다. 따라서 이번 단원부터 몇 회에 걸쳐서는 혼화재료의 정의 및 분류에서부터 각종 혼화재료를 기술하며 소개해보도록 한다.

(2013년 11월 11일 아시아경제 기사참고, 황준호 기자)

그림 1 기내식

3.2 혼화재료의 정의

서언에서 언급한 것처럼, 비빔밥에는 그림 2와 같이 밥, 야채, 고추장의 기본재료 외에 고추장의 일부를 된장, 청국장으로 넣어주거나 혹은 치즈, 버터, 식초, 겨자소스, 참기름 등을 첨가재료로 넣어줌으로써 비빔밥의 맛과 향을 내고 영양가를 더욱 높여주기도 한다. 이와 마찬가지로 콘크리트의 경우도 시멘트, 골재, 물의 기본재료 이외에 품질 향상, 환경보존 및 경제성 성취 목적으로 더 넣어주는 플라이애시, AE제 등 각종 첨가물을 총칭하여 혼화재료(混和材料 : Admixture)라고 한다.

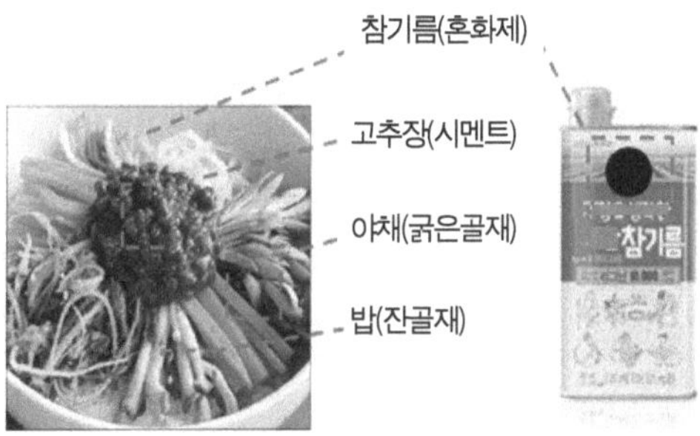

그림 2 비빔밥

3.3 혼화재료의 분류

혼화재료는 사용량에 따라 혼화재(混和材 : Mineral admixture)와 혼화제(混和劑 : Chemical admixture 혹은 Chemical agent)로 분류되는데, 그 구분은 표 1과 같다.

표 1 혼화재료의 분류

구분	혼화재	혼화제
배합적용	콘크리트 배합 계산에 관여	콘크리트 배합 계산에 무시
사용량	시멘트량의 5% 이상	시멘트량의 2% 이내
상태	분말	액상 또는 분말
재료	무기계 재료	유기계 재료
반응성	포졸란, 잠재수경성 등	시멘트 수화물과의 반응

표 2 혼화재의 성능별 종류

성 능	종 류
포졸란 작용이 있는 것	플라이애시, 화산회, 규산백토
잠재수경성이 있는 것	고로슬래그 미분말
경화시 팽창을 일으키는 것	팽창재
오토클레이브 양생시 고강도를 발현하는 것	규산질 미분말
착색시키는 것	착색재
기타	고강도용 혼화재, 폴리머혼화재, 중량재, 충전재

단, 여기서 혼화제의 경우는 2% 이내로 배합계산에 무시한다고 되어 있는데, 일반강도의 보통콘크리트는 그럴 수 있지만, 최근의 경우 초고강도 콘크리트의 경우는 많은 양의 분체에 1~2%의 수축저감제 혹은 3%의 고성능감수제 등이 사용되는 경우도 있는데, 이와 같은 양은 비교적 많은 양으로서 배합계산에서 무시하면 곤란한 경우가 발생하므로 이 경우는 단위수량의 일부로 고려하여야만 한다.

혼화재료의 경우 혼화재의 성능별 종류와 혼화제의 종류 및 성능은 표 2 및 3과 같다.

표 3 혼화제의 종류 및 성능

종류		주요성분	기능	효과
AE제		합성계면활성제	계면장력 감소 및 시멘트 소수화에 의한 미세공기연행	동결융해저항성 증대, 작업성 개선, 재료분리방지, 마무리성능 개선
응결 조절제	촉진제	염소계 및 비염소계	시멘트 수화반응 지연	조기강도 증진, 한중콘크리트 공사
	지연제	유기 및 무기화합물	시멘트 수화반응 지연	콜드조인트 방지, 서중콘크리트 공사, 수화열 균열 방지
감수제		리그닌설폰산염, 글루콘산염, 기타의 계면활성제	시멘트에 흡착 · 분산시켜 응집 방지	단위수량 저감, 강도 및 내구성 향상, 시멘트량 절감, 수화열균열 방지
고성능 감수제		상동	상동	단위수량 대폭 저감 고강도콘크리트제조
AE 감수제	표준형	감수제+AE제	위쪽 2가지 기능 혼합	위쪽 2가지 기능 혼합
	지연형	감수제+AE제+지연제	위쪽 3가지 기능 혼합	위쪽 3가지 기능 혼합
	촉진형	감수제+AE제+촉진제	위쪽 3가지 기능 혼합	위쪽 3가지 기능 혼합
고성능 AE 감수제	표준형	AE 감수제, 폴리칼본산계 등 신규화합물	AE 감수제 기능 향상	단위수량 대폭 절감 및 고강도, 고성능 콘크리트 제조
	지연형	리그닌+양이온 또는 폴리칼본산계 등 신규화합물	AE 감수제 기능 향상 및 슬럼프 장시간 유지	
유동화제	표준형	NSF, MSF	후첨가에 의한 동일단위수량에서의 슬럼프 증가	슬럼프 증대 효과
	지연제	NSF, MSF, 폴리칼본산계 등 신규화합물		
증점제, 보수제		수용성 고분자 화합물	물의 점도 증가에 의해 입자간 점착력 증가, 응집력 및 보수성 향상	소성 증가 및 재료분리 저감
초지연제		지연제와 동일	지연제 기능 향상	응결시간 대폭적 지연
수축저감제		합성계면활성제	물의 표면장력 대폭 저하	건조수축저감
내한제		질소계, 응결 촉진제, NSF, MSF	동결온도 저하, 저온에서 시멘트 수화반응 촉진	콘크리트 초기동해 방지, 저온시 강도발현
급결제		무기염류, 알루미산칼륨, CSA	세공용액 중 수산화칼슘과 반응 불용성 화합물 석출	물과 급속반응하여 경화
발포제		금속 알루미늄 분말	시멘트 용출 알칼리와 반응하여 수소가스 발생	시멘트페이스트를 팽창시켜 충전성 향상, 발포콘크리트 제조, 경량기포콘크리트 제조
기포제		AE제 혹은 유기단백분해물	AE제와 동일	경량, 단열콘크리트 제조
수중불분리제		증점제, 소포제, 고성능 감수제	입자간 점착력, 응집력 및 보수성 향상, 유동성 부여	수중콘크리트 타설시 재료분리 방지
방수제		지방산, 미분말광물, 고분자에멀션, 응결촉진제	흡수성 저감, 모세관공극 충전, 불투수층 형성	콘크리트 투수성 저감
철근 방식제		아초산칼슘 에폭시 등	철이온화 억제, 철근표면에 피막형성	철근부식 방지
폴리머 콘크리트 혼화제		시멘트 혼화용 폴리머 디스퍼션	콘크리트내 폴리머층 형성	불투수층 형성, 접착력 증대, 조기강도 증진
프리플레이스트 콘크리트 혼화제		발포제, 감수제, 증점제, 지연제	수소가스 발생 및 점성 보수성 부여	팽창에 의한 충전성 향상
수화열 저감제		덱스트린	시멘트의 수화반응 억제	콘크리트 수화열 저감

3.4 혼화재료 사용상의 주의사항

혼화재료는 적량을 정확히 사용할 때에는 보약이 될 수 있지만, 잘못 사용하게 되면 독약이 될 수도 있기 때문에 충분히 검토한 다음 신중을 기할 필요가 있다. 일반적인 혼화재료의 활용조건은 다음과 같다.

① 굳지않은 콘크리트의 유동성, 점성, 공기량, 응결시간 등에 영향이 없을 것
② 수화발열량이 적을 것
③ 강도, 탄성, 수축 등에 영향이 없을 것
④ 알칼리골재 반응, 중성화, 동해 등 내구성에 영향이 없을 것
⑤ 인체에 무해하고 환경오염이 없을 것

상기 이외에도 혼화재료를 사용할 때 일반적인 주의사항은 다음과 같다.
① 통계적 자료를 바탕으로 적정 사용량을 결정할 것
② 품질의 균일성이 보증될 것
③ 운반, 저장 중 품질변화가 없을 것
④ 혼합이 용이하고 균등히 분산될 것
⑤ 두 종류 이상 사용 시 부작용 발생 가능성에 주의할 것
⑥ 과량 사용 시 유해한 결과의 초래에 주의할 것

4. AE제

4.1 서 언

고대 로마인들은 콘크리트의 품질 향상을 위하여 소변이나 피, 우유 등 유기질재료를 사용했다는 기록이 있지만, 1930년대 말에 AE제 및 감수제가 개발된 후 화학혼화제가 적극 이용되었다. 이 단원에서부터 몇 회에 걸쳐서는 화학혼화제에 대하여 기술하고자 하는데 본 단원에서는 AE제를 중심으로 기술한다.

4.2 AE제의 정의 및 개발역사

AE제란 콘크리트 시공 시 콘크리트 속에 작은 공기포를 고르게 분포시키기 위하여 사용하는 혼화제로서 두산백과사전에는 표 1과 같이 설명하고 있다.

표 1 AE제(Air-Entraining agent)의 정의

> AE제는 거품을 일으키는 성질이 뛰어난 계면활성제로서, 콘크리트 중에 작은 기포(氣泡)를 고르게 발생시켜 내동결융해성(耐凍結融解性)·내식성(耐蝕性) 등 내구성을 개선한다. 또, 프레시 콘크리트의 유동성을 좋게 하여 부어넣기작업을 용이하게 하고, 굳은콘크리트의 열전도율을 저하시키며, 수밀성(水密性)을 향상시키는 등 2차 효과도 있다.
>
> 그러나 AE제의 사용량은 콘크리트 중의 전(全)공기량이 용적으로 약 4~6%가 되도록 할 것이며, 너무 많이 사용하면 비경제적일 뿐만 아니라 철근과의 부착강도 저하 등 여러 가지 장애가 일어나므로 적정 사용량을 엄수해야 한다.

AE제의 개발은 1934년 미국 북부에서 콘크리트 포장 부분의 동해를 조사하는 과정에서 콘크리트의 강도가 낮고, 단위용적질량이 작은 것이 밀실하고 무거운 콘크리트보다 동해가 발생하지 않는다는 것이 발견되면서부터 AE제가 개발되었다. 초창기는 수지를 클링커 분쇄가 잘되게 하는 보조제로 사용하였는데, 이것이 공기연행작용을 함에 따라 AE제가 시멘트에 혼합되어 활용되었으나 AE공기량이 필요한 것이 시멘트량과 비례하지 않고 변동이 큼에 기인하여 현재는 분리하여 사용하고 있다. 미국의 ASTM에서는 AE제 품질규정을 1938년부터 규정하고 있으나 우리나라는 1984년부터 품질을 표 2와 같이 규정하였으며 1985년부터 KS F 4009에 AE공기량의 확보를 규정하고 있다.

표 2 AE제의 품질규정

항목		품질규정
감수율 (%)		6 이상
블리딩량 (%)		75 이하
응결시간의 차 (min.)	초결	−60 ~ +60
	종결	−60 ~ +60
압축강도비 (%)	재령 3일	95 이상
	재령 7일	95 이상
	재령 28일	90 이상
길이변화비 (%)		120 이하
동결융해에 대한 저항성(상대 동탄성 계수%)		80 이상

4.3 AE제의 종류 및 기포발생

AE제는 계면활성제의 일종으로서 콘크리트 내부에 미세공기포를 만드는 재료이다.

즉, 계면활성제(界面活性劑, Surfactant : Surface Active Agent)란 한 분자

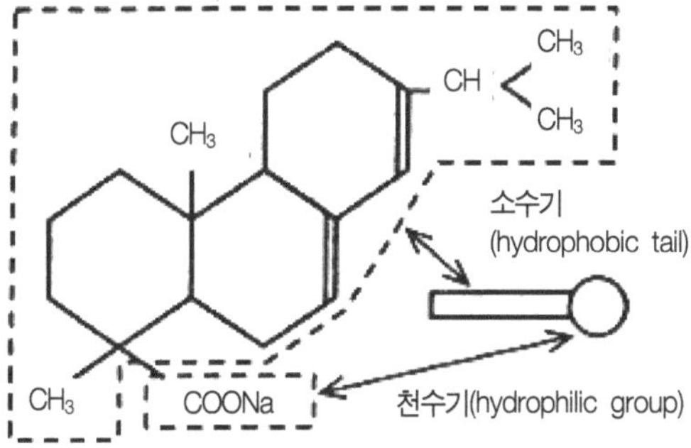

그림 1 AE제의 모델 일례

내에 두 개의 작용기(친수기와 소수기)를 가지고 있는 물질로서 액체와 기체, 액체와 액체, 액체와 고체 또는 기체와 고체 사이의 경계면에 작용하여 활성을 나타내어 양쪽상을 섞이게 하거나 흡착을 쉽게 하는 역할을 하는 독특한 성질을 갖고 있다. 이와 같은 재료는 거의 모든 산업 분야에 사용되고 있어 인류가 살아가는데 매우 중요하게 작용하고 있다.

따라서 AE제는, 물과 친화력을 가지고 물과 접하게 되는 친수기(親水基)와 반대로 물을 싫어하고 기름과 친화력을 갖는 소수기(疏水基) 혹은 친유기(親油基)로 이루어진 AE제는 정전기(靜電氣)적 성질에 따라 음이온계, 양이온계, 양성계 및 비이온계로 분류되고, 분자 구조모델의 일례는 그림 1과 같다.

AE제에 의한 공기포 생성의 원리는 그림 2와 같다. 즉 AE제와 물을 교반하면 용액에 둘러쌓인 기포, 즉 기포의 얇은 막을 기준으로 기포 내부로 AE제의 소수기가, 액체쪽으로는 친수기가 배열된 일명 흡착막이 순간적으로 생

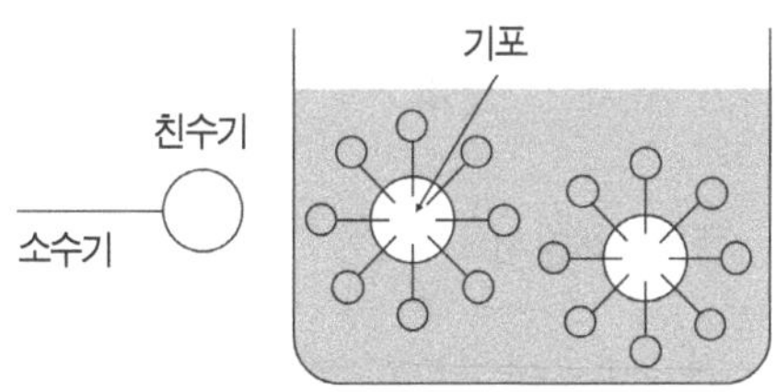

그림 2 AE기포의 생성

성되어 기포가 발생한다. 이때 점성이 큰 콘크리트 중에 갇힌 큰 기포는 소멸 및 분화되어 미세한 기포로 발생한다. 직경은 20~200 μ의 범위이지만, 대략 50 μ 전후가 가장 많은데, 콘크리트 1 m^3 중에서는 수 천억 개의 기포가 존재한다.

4.4 AE제 공기량에 영향을 미치는 요인

AE제를 사용한 콘크리트로서 발생된 AE공기량에 영향을 미치는 요인은 무궁무진하다. 제일 크게는 AE제의 사용량, AE제의 품질 및 온도·비빔속도 등 도입방법의 영향 등이 될 수 있는데, 개괄적으로는 표 2와 같다.

표 2 공기량의 영향에 미치는 요인

영향인자	연행공기량이 감소하는 경우
시멘트	단위시멘트량 및 시멘트분말도가 증가하는 경우
골 재	골재 형상이 편평할 때, 잔골재 중 0.15 mm 이하의 입자가 증가할 때, 잔골재의 조립률이 클 때, 잔골재율이 낮을 때, 굵은골재 최대치수가 클 경우 등
물	pH가 낮을 때, 불순물이 많은 경우 등
콘크리트	슬럼프가 현저히 작은 경우, 비비기 온도가 높은 경우 등
비비기	믹서의 공칭용량보다 작은 양 또는 큰 양을 비빌 때, 믹서의 능력이 저하된 경우 또는 비비기 시간이 길어졌을 경우 등
운 반	수송시간이 길어졌을 때, 펌프압송 압력과 거리가 클 경우 등

4.5 AE제의 효과

(1) 동해방지

콘크리트에 AE공기량을 확보하는 가장 중요한 이유는 겨울철 동결융해 작용에서 발생하는 동해피해의 방지이다. 그런데 공기연행 콘크리트에서 내동해성에 중요한 인자는 연행기포의 양보다는 기포의 크기와 분포가 더 중요하다. 즉 0.1 μ 전후의 모세관공극에서 발생하는 팽창압을 완화시키기 위한 50 μ 전후의 AE공기포는 가능한 한 작게 하여 골고루 분포될 때, 즉 기포간격계수가 작아질수록 내동해성이 커지는데, 결국 중요한 것은 기포의 사이즈와 간격이지만 굳지 않은 상태에서는 이것을 측정할 수 없으므로 편의상 AE공기량으로 관리하고 있다. KS규격 및 시방서상에는 3~6(4.5±1.5)%를 요구하고 있다.

(2) 기타 효과

AE제의 기본은 내동해성 향상이지만 부수적으로 다양한 효과를 기대할 수 있다. 즉 AE제는 구형상으로 콘크리트 혼합시 볼베어링 효과를 내어 워커빌리티 향상, 단위수량 감소, 골재분리 억제 및 블리딩이 감소하게 된다.

단, 공기량이 1%씩 증가할 때마다 압축강도는 4~6%씩 저하하는 것으로 알려져 있으므로 워커빌리티 향상 목적만으로 AE제를 사용하는 것은 유동화제보다 불리해짐에 유념할 필요가 있다.

5. 감수제 · AE감수제

5.1 서 언

일반적으로 화학혼화제 가운데 가장 널리 사용되고 있는 것은 감수제 계열이다. 이 단원에서는 전 단원의 AE제에 이어 감수제 및 AE감수제에 대하여 기술해 본다.

5.2 감수제의 정의 및 품질규격

감수제(減水劑 : Water reducing admixture)란 말뜻대로 해석하면 물을 줄여주는 약이라는 의미인데, 두산백과사전과 토목용어 사전에 의하면 표 1과 같다.

즉, 감수제란 AE제의 공기연행과 다르게 시멘트 입자에 대한 습윤(濕潤), 분산작용(分散作用)에 의해 콘크리트의 유동성을 향상시켜 소정의 워커빌리티 및 강도를 얻는 데 필요한 물(단위수량) 혹은 시멘트량(단위시멘트량)을

표 1 감수제의 정의

두산 백과 사전	콘크리트의 워커빌리티(workability) 개선을 주목적으로 하는 혼합체이다. 사용량은 종류에 따라 다르며, 시멘트 중량의 0.2~1% 정도밖에 되지 않지만, 양질(良質)의 것은 효과가 뛰어나다. 이것을 사용하면 콘크리트의 양을 줄일 수 있으며 내구성까지 개선되는 경우가 많고, 강도가 향상되어 시멘트 절약에 도움이 되기도 한다. 시멘트의 분산제(分散劑)도 이 감수제의 한 종류이다.
토목 용어 사전	콘크리트 혼합체의 일종. 비비는 동안에 시멘트 입자를 대전시켜 각 입자를 분산시키는 표면활성제로, 유효 수화 면적의 증가, 수량의 감소, 워커빌리티의 개선, 내수성의 개선 등의 효과가 있다. 고강도화 · 유동화를 목적으로 한 고성능 감수제도 있다.

표 2 감수제 및 AE감수제의 품질규정

품질항목 \ 종류		감수제			AE 감수제		
		표준형	지연형	촉진형	표준형	지연형	촉진형
감수율 (%)		4 이상	4 이상	4 이상	10 이상	10 이상	10 이상
블리딩량의 비 (%)		100 이하	100 이하	100 이하	70 이하	70 이하	70 이하
응결시간의 차 (mm)	초결	−60 ~ +90	−60 ~ +210	+30 이하	−60 ~ +90	−60 ~ +210	+30 이하
	종결	−60 ~ +90	+210 이하	0 이하	−60 ~ +90	+210 이하	0 이하
압축강도의 비 (%)	재령 3일	115 이상	105 이상	125 이상	115 이상	105 이상	125 이상
	재령 7일	110 이상	110 이상	115 이상	110 이상	110 이상	115 이상
	재령 28일	110 이상	110 이상	110 이상	110 이상	110 이상	110 이상
길이 변화비 (%)		120 이하	120 이하	120 이하	120 이하	120 이하	120 이하
동결융해에 대한 저항성 (상대동탄성계수, %)		-	-	-	80 이상	80 이상	80 이상

감소시키는 혼화제이다.

그런데 우리나라의 경우 한국산업표준 KS F 4009(레디믹스트 콘크리트)에는 AE공기량을 4.5±1.5%를 확보한 콘크리트를 표준으로 규정하고 있기 때문에 실무에서는 단순히 감수제만을 단독으로 사용하기보다는 AE제와 감수제를 복합한 AE감수제가 널리 사용되고 있는 실정이다.

KS F 2560(콘크리트용 화학혼화제)에 규정되어 있는 감수제와 AE감수제의 품질규격은 표 2와 같다.

5.3 종류 및 작용 기구

콘크리트용 감수제 및 AE감수제는 표 2와 같이 응결시간 및 초기 경화속도에 따라 표준형, 지연형, 촉진형으로 분류되며, 그 화학조성 성분에 따라서는 다음 표 3과 같은 종류가 있다.

표 3 감수제 · AE감수제의 종류

① 리그닌 설폰산염 혹은 그 유도체 ② 고급 다가 알코올의 설폰산염 ③ 알킬아릴 설폰산염의 포르말린 축합물 ④ 폴리옥시 에틸렌 알킬아릴 에테르 유도체 ⑤ 폴리올 유도체 ⑥ 옥시 칼본산계 유기산염 ⑦ 기타

감수제를 콘크리트에 첨가할 경우 분산작용으로 감수효과를 내는 기구(Mechanism)로는 감수제의 경우 분자 내에는 물과 시멘트 조성물 중의 양이온(Ca^{++})과 친수성이 높은 원자단(설폰산기, 칼본산기, 수산기 등)을 갖고 있다. 이것이 콘크리트 혼합물 중 알칼리성이 높은 수용액 중에서는 해리(解離 : 분자가 그 분자를 구성하고 있는 각각의 원자나 이온 또는 보다 작은 분자들로 나누어지는 현상)하여 이온성의 전해질로 존재한다.

그런데 시멘트 입자는 상대적으로 비표면적이 크기 때문에 혼합수 속에서는 서로 모여 응집체를 형성 안정화하려는 성질이 있는데, 여기에 분산제를 가하면 시멘트 입자가 친화성이 크기 때문에 급속히 분산제가 표면에 흡착된다.

일례로 리그닌 설폰산염의 경우는 수중에서 리그닌 설폰산 음이온과 칼슘 양이온으로 해리 및 흡착되어 대전층(정전기를 띠는 층)을 형성한다. 이렇게 시멘트 표면에 형성된 대전층은 인근시멘트입자의 같은 극(일례로 −극)과 부딪치면 서로 밀어내는 정전기적 반발작용으로 시멘트 입자는 브라운 운동을 일으키며 분산됨으로써 콘크리트의 유동성을 증대시켜 결국 동일 유동성이라면 물을 줄일 수 있는 감수효과가 나타나는 것이다.

이 이외에도 침투습윤작용(옥시 칼본산계), 소수성콜로이드의 안정화이론(DLVO이론) (나프탈렌계) 등으로 분산력을 발휘하여 유동성을 증진시키는 감수제도 있다.

5.4 콘크리트의 성질에 미치는 영향

(1) 굳지않은 콘크리트

일반적으로 콘크리트 제조에 감수제를 사용하면 소요의 슬럼프치를 만족하는 콘크리트 배합에 단위수량을 4~8 % 감소시킬 수 있고, AE감수제는 AE제의 공기연행작용과 감수제의 분산작용 상승효과에 의해 10~15 %를 감소시킬 수 있는 것으로 보고되고 있다.

또한 감수제 · AE감수제는 단위수량 감소 및 연행공기작용 등에 의해 재료분리에 대한 저항성을 증가시키고, 블리딩량도 크게 감소시킬 수 있다.

아울러 감수제 · AE감수제는 표준형, 지연형, 촉진형으로 구분되어 있기 때문에 요구에 맞춰 사용하면 응결시간 조정 및 초기강도의 발현성을 조절할 수도 있다.

(2) 경화 콘크리트

감수제 · AE감수제를 사용하면 콘크리트 배합상 단위수량을 감소시킬 수 있으므로 콘크리트의 시멘트량과 슬럼프를 일정하게 유지하면 10~20 % 정도의 강도가 증가하고, 반대로 강도를 일정하게 하면 6~12 %의 단위시멘트량을 감소시킬 수 있다.

또한 감수제 · AE감수제를 사용하면 시멘트입자의 분산효과에 의하여 콘크리트 내부의 미세구조를 개선함으로써 수밀성이 향상되고, 아울러 내동해성, 화학물질에 의한 침식저항성, 해수작용 및 중성화에 대한 저항성 등 각종 내구성이 현저히 증가한다.

5.5 사용상의 주의사항

모든 화학혼화제가 동일하겠지만 혼화제를 사용할 때에는 불순물이 혼입되지 않고, 변질 및 동결되지 않도록 관리하며, 아울러 고형분이 분리되지 않도록 저어주는 등 조치가 필요하다.

또한 서로 다른 두 종류 이상의 혼화제를 혼용할 경우는 이상 현상이 발생(예로 리그닌 설폰산 칼슘염과 수지비누(빈졸)는 혼합하면 혼합되지 않고 층분리됨)할 수 있음에 제조자의 조언을 참고한다.

또한 감수제 특히 리그닌계와 같은 경우 과량 사용하면 시멘트 표면에 리그닌계 혼화제에 포함되어 있는 환원당에 의한 지연작용에 의해 응결을 지연시키는 경향이 있다. 따라서 화학혼화제의 경우는 적량 사용이 매우 중요한데, 디스펜서(Dispenser : 혼화제 계량장치)의 고장에 의한 과잉첨가는 치명적인 콘크리트의 피해로 이어질 수 있으므로 철저히 방지법을 강구해둘 필요가 있다.

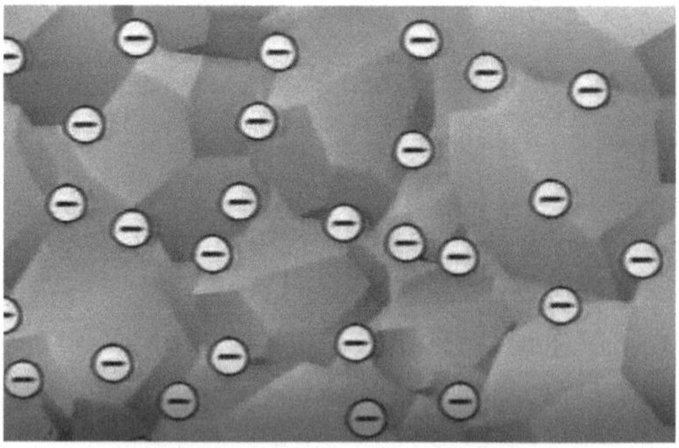

그림 1 정전기적 반발작용

6. 고성능감수제 · 유동화제

6.1 서 언

화학혼화제와 관련하여 이전 단원에서는 혼화재료의 정의 및 분류, AE제, 감수제 · AE감수제에 대하여 기술하였고, 이 단원에서는 고성능감수제 · 유동화제에 대하여 기술해본다. 단, 학자 및 보고서에 따라 약간씩 분류는 달라질 수 있는데, 이 단원에서는 리그닌계, 나프탈렌계, 멜라민계의 고성능감수제 · 유동화제에 대하여 기술하고 폴리칼본산계의 경우는 고성능AE감수제로 하여 다음 회에 기술한다.

6.2 정의 및 품질규격

고성능감수제(高性能減水劑 : High range water reducing admixture)란 말뜻 그대로 감수제보다 시멘트 입자의 분산성능이 뛰어나 감수성능이 더욱 우수한 혼화제이다. 특히 고성능감수제는 일반감수제와 비교하여 우수한 감수성능은 물론이고, 비교적 과량 사용하여도 응결지연 및 과다한 공기연행, 강도저하 등 나쁜 영향이 없다는 것이 특징이다.

또한 고성능감수제는 사용방법에 따라 유동화제(流動化劑 : Superplasticizer)라고도 불리워지는데 기본적인 소재 및 성능은 동일하다. 즉 유동성을 동일하게 하고 물을 줄이는 용도로 활용하면 고성능감수제, 단위수량을 동일하게 하고 유동성을 높여 시공성을 향상시키고자 하면 유동화제라고 한다.

고성능감수제를 개발 및 사용하게 된 배경은 1960년대 후반 이후부터 펌프공법을 주로 사용했는데, 이 경우는 시멘트량을 많게 하고, 잔골재율을 크게 하여 콘크리트의 펌핑성을 높이도록 배합하게 되면서 필연적으로 단위수량이 증가되었으며, 또한 골재의 품질도 악화되면서 콘크리트의 품질저하가 매우 심각하게 되었다. 이에 따라 콘크리트의 품질을 확보하기 위해서는 된반죽 콘크리트의 필요성이 크게 증대되었지만, 시공성을 저해하는 문제점이 발생되었다.

이러한 상황에서 콘크리트용 혼화제로서 종래의 감수제에 비해 다량사용이 가능하면서도 한층 높은 감수효과를 갖도록 할 수 있는 유동화제가 독일에서는 멜라민계로 일본에서는 나프탈렌계를 필두로 하여 세계 각국에서 개발·활용되기 시작하였으며, 1970년대부터는 본격적인 실용화 단계로 접어들기에 이르렀다.

그러나 우리나라의 경우는 1980년대부터 충남대 김무한 교수님의 연구로부터 학계 및 업계에 소개·보급되기에 이르렀다.

고성능감수제·유동화제의 품질규격은 한국콘크리트학회의 경우 KCI-AD101(콘크리트용 유동화제 품질규격)로 표 1과 같이 규정하고 있다.

6.3 종류 및 작용 기구

고성능감수제의 종류로는 영국 시멘트콘크리트협회(CCA)의 보고서에 의하면 표 2의 4가지 범주로 분류된다.

표 2에서 일반적으로 시판되는 것은 ①,②에 관한 것으로 약칭하여 나프탈렌계, 멜라민계로 불린다. 경우에 따라서는 감수제로 사용되는 리그닌 설폰산염(약칭 리그닌계)도 고성능감수제에 포함시키기도 한다. 따라서 각 고성능감수제의 특징을 정리하면 표 3과 같다. 고성능감수제를 콘크리트에 사용할 때 유동성을 향상시키게 되는 메커니즘은 전 단원인 감수제와 유사하다. 단, 나프탈렌계 및 멜라민계 고성능감수제는 일반적인 감수제와 동일하게 음전하에 의한 정전기적 반발력에 기인하지만 보다 높은 분자량(n개의 긴 Chain 구조)에 의한 물리적인 분산효과로 감수제보다 더 큰 감수율을 나

타내게 된다.

또한 리그닌계의 경우는 당류함유에 의한 응결지연성 때문에 0.3% 이하의 사용량을 권장하였으나 최근에는 Ultrafiltration에 의해 응결지연 성분 제거 기술 도입으로 기존 리그닌계 혼화제의 사용량보다 사용량 증대가 가능해짐에 따라 고성능감수제로까지 확대 이용되고 있다.

표 1 유동화제의 품질규정

<table>
<tr><th colspan="3">항목 \ 유동화제의 종류</th><th>표준형</th><th>지연형</th></tr>
<tr><td rowspan="4">시험항목</td><td rowspan="2">슬럼프
(mm)</td><td>베이스 콘크리트</td><td colspan="2">80±10</td></tr>
<tr><td>유동화 콘크리트</td><td colspan="2">200±10</td></tr>
<tr><td rowspan="2">공기량
(%)</td><td>베이스 콘크리트</td><td colspan="2">4.5±0.5</td></tr>
<tr><td>유동화 콘크리트</td><td colspan="2">4.5±0.5</td></tr>
<tr><td colspan="3">블리딩량의 차(mm^3/mm^2)</td><td>1 이하</td><td>2 이하</td></tr>
<tr><td colspan="2" rowspan="2">응결시간의 차
(분)</td><td>초 결</td><td>−30 ~ +90</td><td>−60 ~ +120</td></tr>
<tr><td>종 결</td><td>−30 ~ +90</td><td>+210 이하</td></tr>
<tr><td colspan="3">시간에 따른(15분) 슬럼프 감소량 (mm)</td><td>40 이하</td><td>40 이하</td></tr>
<tr><td colspan="3">시간에 따른(15분) 공기량의 감소(%)</td><td>1.0 이하</td><td>1.0 이하</td></tr>
<tr><td colspan="2" rowspan="3">압축강도비(1)
(%)</td><td>재령 3일</td><td>90 이상</td><td>90 이상</td></tr>
<tr><td>재령 7일</td><td>90 이상</td><td>90 이상</td></tr>
<tr><td>재령 28일</td><td>90 이상</td><td>90 이상</td></tr>
<tr><td colspan="3">길이변화비(%)</td><td>120 이하</td><td>120 이하</td></tr>
<tr><td colspan="3">동결융해에 대한 저항성(1)
(상대동탄성계수비 %)</td><td>90 이상</td><td>90 이상</td></tr>
</table>

주(1) 이 값은 일반적인 경우의 시험오차를 고려한 것으로, 유동화 콘크리트 역시 보통콘크리트와 동등한 품질을 가질 수 있음을 의미한다.

표 2 고성능감수제의 종류

① 폴리알킬아릴 설폰산염계(나프탈렌 설폰산염계)
② 멜라민 포르말린수지 설폰산염계
③ 방향족 다환축합물 설폰산염계
④ 기타

표 3 고성능감수제의 작용기구 및 특징

구분	작용기구		특징
리그닌계	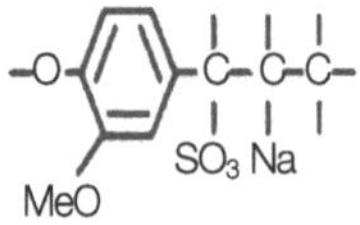 리그닌 설폰산염 축합물의 화학구조	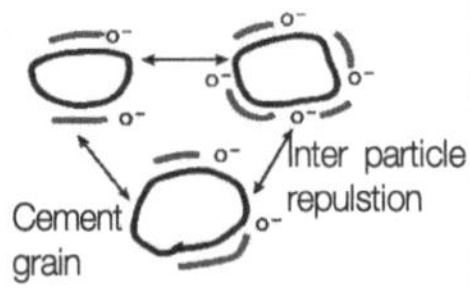 리그닌 설폰산염 축합물의 분산기구	• 제조 용이, 가격 저렴 • 자체 공기포를 함유 • 저장시 분리현상 • 고강도 제조 곤란 • 다량 사용 시 경화불량
나프탈렌계	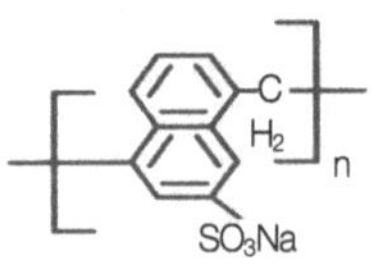 나프탈렌 설폰산염 축합물의 화학구조	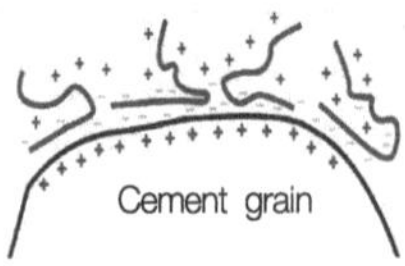 나프탈렌 설폰산염 축합물의 분산기구	• 분산성 우수 • 화학적으로 매우 안정 • 고강도발현 용이 • 자체 공기포 함유 않음 • 용해도 저장성 우수 • 첨가제 활용이 용이 • 슬럼프 로스가 큼
멜라민계	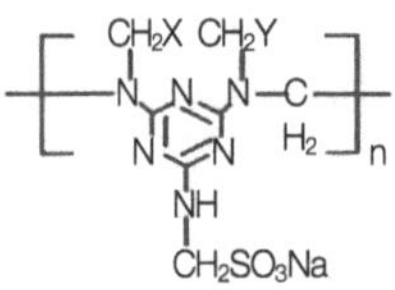 멜라민 설폰산염 축합물의 화학구조	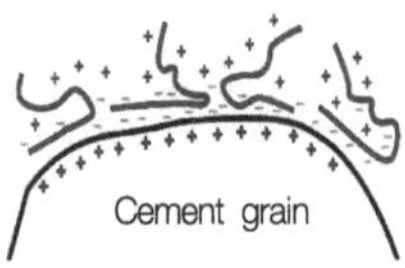 멜라민 설폰산염 축합물의 분산기구	• 화학적으로 매우 안정 • 분상성이 우수 • 응결시간이 약간 빠름 • 자체공기포 함유 않음 • 슬럼프 로스가 심함

6.4 콘크리트의 활용

고성능감수제를 활용한 콘크리트의 특성으로서 당연히 감수제의 효과보다 더 큰 감수성이며 우수한 품질 효과를 얻게 되고 활용성은 전 단원을 참조한다. 단, 유동화제를 사용하여 시공성을 개선한 유동화 콘크리트(Flowing concrete)에 관해서 제1권 Ⅲ-9(유동화 콘크리트의 활용), Ⅲ-10회(유동화 콘크리트의 배합설계 요점)을 참조한다.

6.5 사용상의 주의사항

고성능감수제 · 유동화제를 효과적으로 사용하기 위해서는 몇 가지 주의사항이 필요하다.

첫째로는 고성능감수제의 사용목적을 분명히 하고 활용계획을 세워야 한다. 즉 고성능감수제로서 품질 향상 목적인지, 유동화제로서 시공성 향상 목적인지를 분명히 하고 아울러 재료의 선정, 배합의 결정 및 시공계획을 분명히 세워야 한다.

둘째로는 유동화 콘크리트의 경우는 시공체계를 확고히 갖추는 일이다. 즉 레미콘의 주문, 제조, 수송, 짐부리기, 수입검사, 유동화제 투입, 유동화, 펌프압송, 타설 · 다짐, 마무리, 양생 등 업무담당과 책임을 분명히 하고 서로 긴밀한 협조체제를 갖춘다.

셋째로는 철저한 품질관리를 실시한다. 즉 유동화 전후 및 펌프압송 전후 등 품질변동을 철저히 검토하고 관리하며, 아울러 현장유동화의 경우는 유동화 회전수의 철저한 확인, 소음 및 배기 가스 대책도 철저히 수립하여 민원문제가 발생하지 않도록 주의하여야 한다.

기타 고성능감수제의 경우도 불순물 혼입, 변질, 동결 등에 주의해야 하는 점, 혼화제간 혼합시 상성작용 및 혼화제 과다투입 시 부작용 등은 감수제와 동일하게 주의할 필요가 있다.

7. 고성능AE감수제

7.1 서 언

현대사회에 있어 콘크리트의 발전은 혼화제의 개발에 관계한다고 해도 과언은 아닐 것이다. 이 단원에서는 그림 1과 같은 혼화제의 발전 역사를 몇 개의 단계로 구분해 볼 수 있는데, 현단계에서 가장 각광을 받는 폴리칼본산계의 고성능AE감수제를 중심으로 소개해 본다.

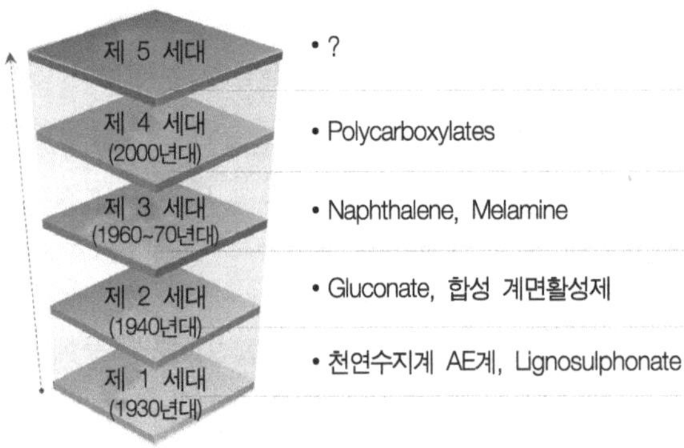

그림 1 혼화제의 발전역사

7.2 정의 및 품질규격

고성능AE감수제란 앞 단원의 고성능감수제에 AE제가 추가된 개념으로 나프탈렌계, 멜라민계, 아미노설폰산계, 폴리칼본산계 등으로 분류된다. 그런데 나프탈렌계 및 멜라민계 고성능감수제의 가장 큰 단점은 다량 사용 시

표 1 콘크리트용 고성능AE감수제의 품질

항목		고성능 AE 감수제	
		표준형	지연형
감수율 (%)		18 이상	18 이상
블리딩량의 비 (%)		60 이하	70 이하
응결시간의 차 (min)	초결	−30 ~ +120	+90 ~ +240
	종결	−30 ~ +120	+240
압축강도 비 (%)	재령 3일	135 이상	135 이상
	재령 7일	125 이상	125 이상
	재령 28일	115 이상	115 이상
길이 변화비 (%)		110 이하	110 이하
동결융해에 대한 저항성(상대 동탄성 계수%)		80 이상	80 이상
슬럼프 손실 (mm)		60 이하	60 이하
공기량의 변화량 (%)		±1.5 이내	±1.5 이내

초기의 높은 감수효과와 달리 시간의 경과에 따라 급격한 유동성 손실이 생긴다는 것이다. 따라서 운반거리가 먼 경우는 사용하기 힘들기 때문에 현장에서 유동화제를 추가로 사용해야만 하는 번거로움이 있어 왔다. 그러나 폴리칼본산계 고성능AE감수제는 분자구조에 따라 다르지만 높은 감수성능에 높은 유동성을 1~2시간까지 유지할 수 있는 특징이 있고, 또한 폴리칼본산계는 자체적으로 AE공기량을 발휘하기도 한다. KS F 2560(콘크리트용 화학혼화제)에 규정되어 있는 고성능AE감수제의 품질규격은 표 1과 같다.

7.3 유동성 작용기구

폴리칼본산계의 고성능AE감수제는 그림 2와 같은 구조를 갖고 있다. 즉 구조상 특징은 머리빗(Comb)을 연상하면 알기 쉽다. 머리빗의 손잡이 부분에 해당되는 주쇄(Main chain)와 머리를 빗는 부분인 측쇄(Side chain)의 두 부분으로 구성되어 있다.

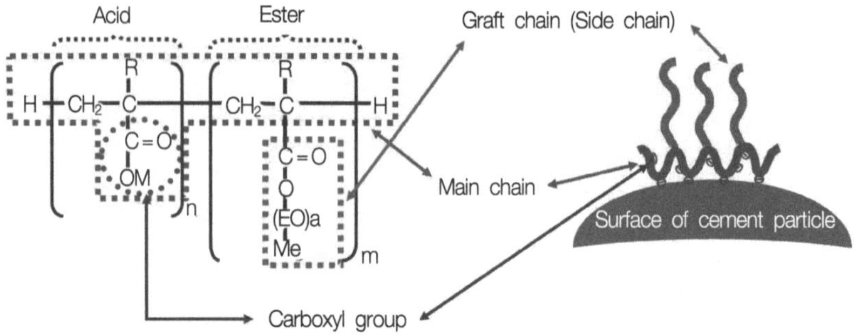

그림 2 폴리칼본산계 고성능감수제의 분자구조

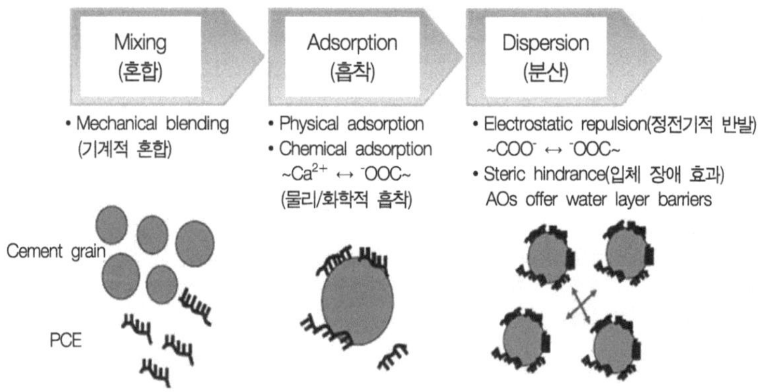

그림 3 폴리칼본산계 고성능감수제 사용에 따른 시멘트의 단계별 분산 원리

폴리칼본산계 고성능AE감수제의 분산원리는 정전기적 반발력 및 측쇄에 의한 물리적인 입체장애작용의 상호작용에 의해 분산되는데, 그림 3은 시멘트의 분산원리를 단계별로 정리한 것이다.

즉, CaO, Al_2O_3 및 SiO_2 등으로 구성된 시멘트 입자에 시멘트와 폴리칼본산계 혼화제를 함유한 물을 기계적 교반 방법으로 혼합하면 반응성고분자의 무수물이 가수분해하여 시멘트 표면에 물리·화학적으로 흡착하게 된다. 흡착된 폴리머에 의해 시멘트 입자는 정전기적 반발력과 물리적 입체장애 작

표 2 폴리칼본산계 고성능감수제의 분자구조에 따른 특성

구조			
Main Chain	Long	Short	Very Short
Side Chain	Short	Long	Long
Side Chain 밀도	High	Low	High
성능	고분산, 저유지	고유지	고분산, 고유지
용도	분산제, 플로형	유지제, 슬럼프형	조강형 분산제

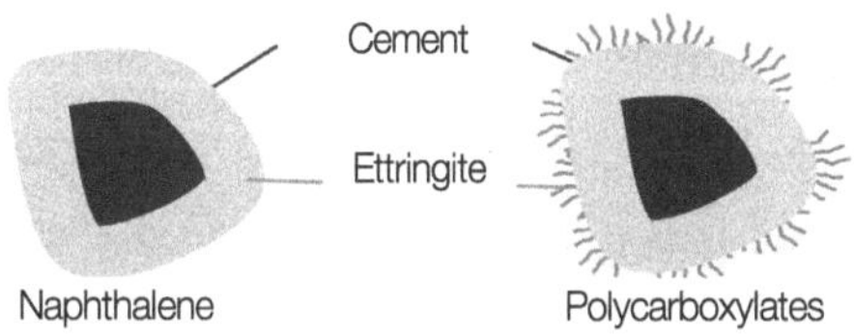

그림 4 폴리칼본산계 고성능감수제의 유지성능

용으로 분산되는 과정을 통하여 적은 단위수량으로도 높은 유동성을 발휘하게 된다.

표 2는 폴리칼본산계 고성능AE감수제의 분자구조에 따른 특성을 나타낸 것으로, 주쇄가 길고 측쇄가 짧으면 고분산성능을 갖게 되고, 반대로 주쇄가 짧고, 측쇄가 길면 고유지성능을 갖게 된다.

그림 4는 폴리칼본산계 고성능감수제의 유지성능을 나타낸 것으로 나프탈렌계 고성능감수제의 경우 수화반응으로 에트린자이트가 생성되면 입자표면에서 정전기적 반발력이 감소하여 유동성을 손실하게 되지만 폴리칼본산계 고성능AE감수제는 수화반응으로 에트린자이트가 생성되어도 측쇄에 의해 분산성능이 확보되어 유동성 손실을 방지하게 된다.

7.4 콘크리트의 성질에 미치는 영향

고성능AE감수제를 활용한 콘크리트의 특성으로는 앞 단원에서 기술한 고성능감수제와 유사하다. 단, 폴리칼본산계의 경우 감수성능이 여타의 고성능감수제보다 크므로 동일 사용량이라면 유동성이 크고, 동일 유동성을 확보하기 위해서는 단위수량 및 W/C를 줄일 수 있는데, 무엇보다 효과적인 것은 유동성의 유지성능이 매우 우수하다는 점이다.

특히 최근에는 일부 혼화제사의 경우 초고강도 콘크리트에 고성능AE감수제를 이용할 경우 점성이 커지는 것이 문제시되어 최근에는 고성능AE감수제에 점성을 제거하는 기술을 개발하여 보급함으로써 100 MPa 정도인 고강도 콘크리트라도 항복치 및 소성점도가 일반강도 콘크리트보다 작아 매우 부드럽게 되므로 펌프 압송성 등 시공성이 매우 우수해지는 방향으로까지 발전하고 있다.

7.5 사용상의 주의사항

고성능AE감수제는 다음과 같은 주의사항이 요구된다.

첫째로는 폴리칼본산계 고성능AE감수제의 경우 분자구조, 복합방법 및 제조사 등 많은 변수에 따라 품질 특성이 달라질 수 있음에 면밀히 검토하고 사용을 결정하여야 한다.

둘째로는 감수성능이 고성능인만큼 고강도 콘크리트에 적합한 것이므로 일반강도나 저강도에 이용할 경우에는 민감한 유동성 변화 및 재료분리 등의 품질 결함에 주의한다.

셋째로는 폴리칼본산계 고성능AE감수제의 특징인 슬럼프 손실저감 등 성능을 정량적으로 평가할 시험방법 및 기준치 제정이 마련될 필요가 있다.

〈이 자료의 일부는 KMB 장지한 사장으로부터 제공받은 것임〉

8. 응결시간 조절제

8.1 서 언

이전 단원에서 감수제 등 각종 혼화제의 품질규정 중 종류(Type)에는 표준형, 지연형, 촉진형으로 분류하고 있다. 이는 응결시간과 같은 초기수화속도를 조정하기 위한 것으로 이번 단원에서 표준형은 기본으로 생략하고 지연성 및 촉진성 측면에서의 응결시간 조절제에 대하여 기술한다.

8.2 지연성 혼화제

(1) 종류와 작용기구

지연성 혼화제란 지연제 및 초지연제를 말하는데, 이는 응결과 초기경화를 늦게 하기 위한 목적으로 사용하는 유기 혹은 무기질계의 혼화제이다. 무기계 화합물에는 산화아연(ZnO), 염화아연($ZnCl_2$), 인산염, 탄산화아연($ZnCO_3$), 일산화납(PbO), 케이프화물, 케이프화염, 인산염의 복합물, 수산화동($Cu(OH)_2$) 및 마그네시아염 등이 있다.

또한, 유기계 화물로서는 당류와 그의 유도체, 리그닌설폰산염, 유기산과 그의 염, 구연산염, 글루콘산염 등의 옥시칼본산염이 있고, 셀룰로오스유도체, 폴리비닐알코올 등 수용성 고분자류도 있다. 유기계 화합물의 지연성능은 일반적으로 무기계 화합물보다 크므로 장시간의 응결지연 성능을 갖는 초지연제로서 유기계 화합물이 유리하다.

지연제의 지연작용과 관련하여 J. F. Young은 많은 연구를 정리하여 유기화합물의 지연작용 기구를 다음과 같이 4가지 가설로 분류하고 있다.

① 흡착설 : 유기화합물이 시멘트 입자 표면에 흡착하여 시멘트 입자와 물과의 접촉을 억제한다.

② 침전설 : 유기화합물이 시멘트 입자 표면에 불용성 물질로 이루어진 피막을 형성하고 시멘트 입자와 물과의 접촉을 방해하여 수화반응을 지연시킨다.

③ 착염형성설 : 유기화합물이 Ca^{2+}이온과 착염을 형성하여 $Ca(OH)_2$ 결정의 석출을 억제한다.

④ 핵형성 억제설 : 유기화합물이 유도기로부터 가속기에 걸쳐 액상으로 석출되는 $Ca(OH)_2$ 결정핵의 생성을 억제한다.

이러한 가설 중에 J. F. Young은 $Ca(OH)_2$의 흡착을 유력시하고, 응결지연제가 미수화상에도 흡착하는 것을 고찰하고 있다. 그러나 이 가설은 응결지연제의 종류에 따라 다른 메커니즘이 일어날 가능성이 크기 때문에 하나의 가설로 지연작용의 전부를 설명할 수는 없다.

(2) 콘크리트의 성질에 미치는 영향

굳지않은 콘크리트에 지연성 혼화제를 첨가하였을 경우에 나타나는 특성으로, 먼저 응결시간이 지연되는 것은 기본이다. 즉 소량 사용시는 약간의 지연작용이 나타나지만 사용량이 증가하면 그림 1과 같이 급격히 지연되어 어느 수준 이상에서는 경화되지 않기도 한다. 물론 온도의 영향도 커서 온도가 낮으면 지연작용은 더욱 크게 나타난다.

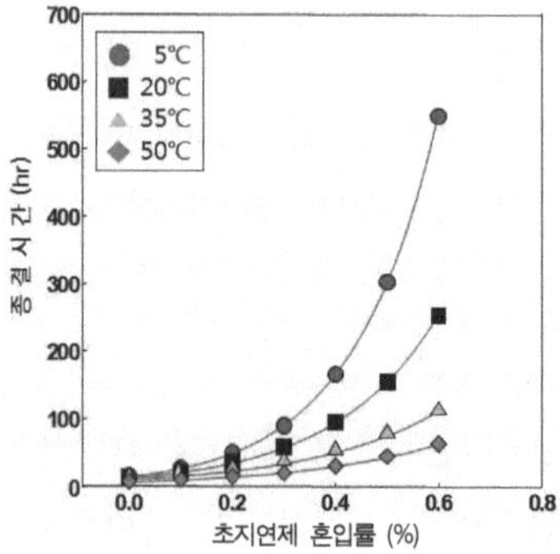

그림 1 초지연제의 첨가량과 응결시간

또한 지연성 혼화제를 첨가하면 슬럼프값이 증가하고, 슬럼프로스는 억제

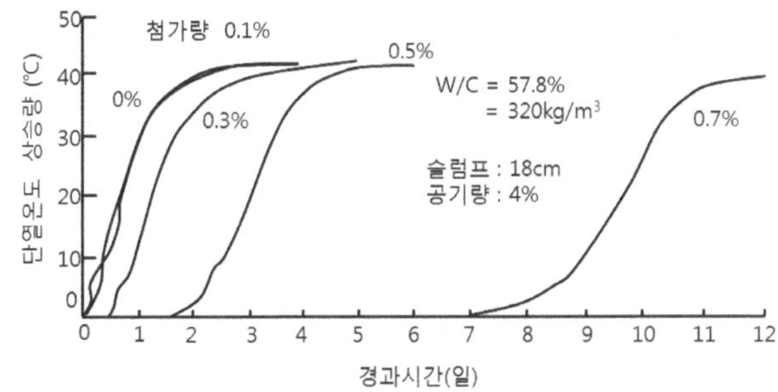

그림 2 콘크리트의 단열온도 상승

되며, 블리딩양은 증가할 수도 있다. 단열온도 상승량의 경우 전체 온도상승은 큰 차이가 없으나 단, 응결지연에 의하여 그림 2와 같이 일정한 시간만큼 늦게 응결되어 수화열이 발생한다.

경화콘크리트에 지연성 혼화제를 첨가하였을 경우 나타나는 특성으로, 압축강도의 경우 초기재령에서는 수화지연의 영향으로 낮게 나타나지만 28일 이후 재령에서는 완만한 수화에 치밀한 수화생성물이 생성되어 크게 발휘된다. 건조수축 길이변화율은 단위수량 감소효과로 약간 작은 경향을 나타낸다.

8.3 촉진성 혼화제

촉진성 혼화제로는 촉진제 및 급결제로 분류된다. 이 중 촉진제는 거푸집의 조기탈형 및 한냉, 한중콘크리트의 양생기간 단축 등을 목적으로 사용한다. 급결제는 NATM 터널공법에서 굴삭면이나 경사진 사면 등지에서 사면안정 등에 콘크리트와 급결제를 압축공기로 뿜어 붙여 순식간에 형상을 유지하게하는 숏크리트공법 등에 사용한다.

먼저 촉진제로 이용하는 물질로는 칼슘이나 나트륨의 염화물, 탄산염, 황산염, 초산염 등의 무기류 외에도 트리에탄올아민(TEA), 규산칼슘 등이 있

(다연개발, 숏크리트 타설 시공 사진)

그림 3 숏크리트 모습

다. 대표적인 촉진제로는 $CaCl_2$(염화칼슘)이 있는데, 이는 시멘트 수화반응 과정에서 칼슘실리케이트 화합물(C_3S, C_2S)의 수화를 촉진하여 CSH수화물의 석출을 성장시켜 응결을 빠르게 하고 초기강도를 높인다. 그러나 실무에서 염화칼슘의 경우는 저렴하면서 양호한 응결촉진효과를 발휘하여 좋은 점은 있으나, 염화물 증가는 철근부식을 촉진시키는 문제가 있어 사용을 기피하고 있다. TEA의 경우라든가 기타는 고가이면서 효과가 별로 없는 경우가 있어 실무에는 어려움이 많다. 따라서 최근에는 아초산칼슘 등 한중콘크리트용 무염화형 내한촉진제(제II권 I-10, 11, 12 참조) 등을 활용하면 가격은 고가일지라도 어느 정도 효과는 볼 수 있다.

또한, 급결제로서 급결성을 나타내는 물질에는 무기계의 $CaCl_2$, Na_2CO_3, $Al(OH)_3$, $NaAlO_2$ 등의 염화물이나 알칼리 탄산염, 알칼리 알루민산염의 하소명반석, 물유리, 무수석고, 반수석고 등이 있고, 시멘트 광물계로는 칼슘알루미네이트계류($C_{12}A_7$, $C_{11}A_7CaF_2$), 칼슘설포알루미네이트 등이 있으며, 유기계로는 글리세린이나 트리에탄올아민(TEA) 등이 있다. 그러나 실제 실무에서 널리 쓰이는 것은 실리케이트계, 알루미네이트계, 시멘트 광물계, 알칼리프리계 등 무기계가 많다.

급결의 작용 기구는 아직까지 명확하지는 않지만 C_3A의 수화 및 에트린

가이트의 생성을 촉진하는 경우로 $CaCl_2$, 무수석고, 반수석고, 칼슘알루미네이트류, 칼슘설포알루미네이트류, TEA, 글리세린 등과 시멘트성분 중에서 C_3S의 수화를 촉진시키는 경우로 $CaCl_2$, Na_3CO_3, $Al(OH)_3$, $NaAlO_2$, 물유리, 하소명반석 등이 있다.

8.4 주의사항

지연성 혼화제와 촉진성 혼화제를 콘크리트에 첨가하여 사용할 때에는 다음과 같은 사항에 주의한다.

① 시멘트, 골재, 혼화재 등 콘크리트용 사용재료의 종류에 따라 응결시간 조절제의 효과는 달라질 수 있으므로 사용재료 조건을 충분히 검토할 필요가 있다. 일례로 특수시멘트, 바다모래, 고로슬래그 미분말이나 플라이애시 등의 영향은 특별히 고려할 필요가 있다.

② 응결시간 조절제의 정량 사용은 매우 중요하다. 경우에 따라 지연제를 과량사용하면 전혀 강도발휘가 되지 않을 수도 있고, 촉진제의 경우 일부는 과량 사용시 역으로 지연작용을 일으킬 수도 있다.

③ 응결시간 조절제는 온·습도 등 환경에 영향을 받아 촉진 또는 지연될 수 있으므로 유의한다. 또한 첨가방법의 경우도 동시첨가·후첨가 등에 따라 달라지고, AE감수제 등 혼화제와 병용할 경우도 효과는 달라질 수 있다.

9. 멍청한 실험, 위대한 발견

9.1 서 언

이번 단원에서는 멍청한 실험에서 출발하여 새로운 발명으로 이어진 식용유를 이용한 자기수축 저감제의 개발에 대하여 그 과정에서부터 활용에 이르기까지 일련의 내용에 대하여 기술해본다.

9.2 멍청한 실험

사람들이 한참 고민에 빠지다보면 이상한 발상으로 멍청한 연구를 진행하는 경우도 있다.

필자의 경우도 마찬가지였다. 콘크리트의 경우 압축강도는 물시멘트비(W/C)의 역수인 시멘트물비(C/W)에 비례한다는 것은 콘크리트 관계자는 기본 상식에 속한다. 그러나 가능한 모든 방법을 동원하여 물을 적게 써서 W/C를 최대한 작게(C/W를 크게) 한다고 해도 한계가 있기 마련인데, 그렇다면 만약 W/C를 가장 작게 한 상태에서 물 대신 다른 액체로 치환해준다면 W/C를 더 작게 해주는 결과가 될 것이다.

따라서 표 1과 같이 물이 아닌 액체로서 휘발유, 경유, 등유, 식용유, HFE(Hydrogen Fluoride Ether), 에탄올, 아세톤 등을 물에 대신하여 10 %, 20 %를 치환한 다음(본고에서는 20 %에 대하여만 보고함) 슬럼프 및 압축강도를 측정하였고, 참고로 자기수축도 측정하도록 실험을 계획하였다.

실험 결과로서 그림 1, 2는 슬럼프 및 압축강도를 나타낸 것이다. 플로치는 에탄올, 메탄올에서 크게 나타났지만, 당초에 가정한 압축강도 향상은 유

표 1 실험계획

배합요인					실험사항
W/B(%)	목표 플로(mm)	치환액체			
		종류	기호	치환율(%)	
20	220±10	Plain	P	-	
		P(−10)*	-	-	
		휘발유	G	10 20	
		경유	L		
		등유	K		
		식용유	O		
		HFE	H		
		에탄올	E		
		메탄올	M		
		아세톤	A		

*Plain 보다 10 % 물을 줄인 것

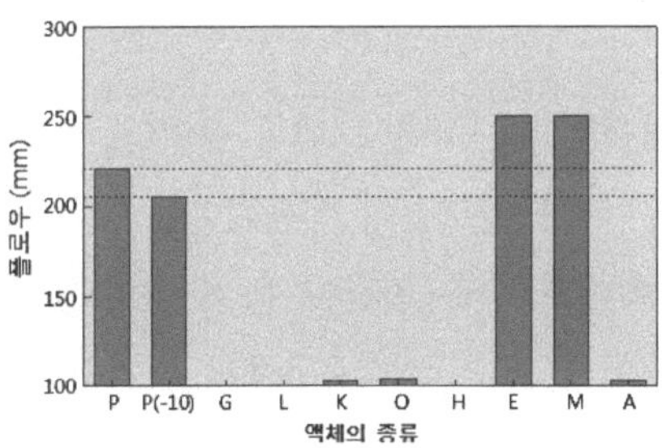

그림 1 슬럼프

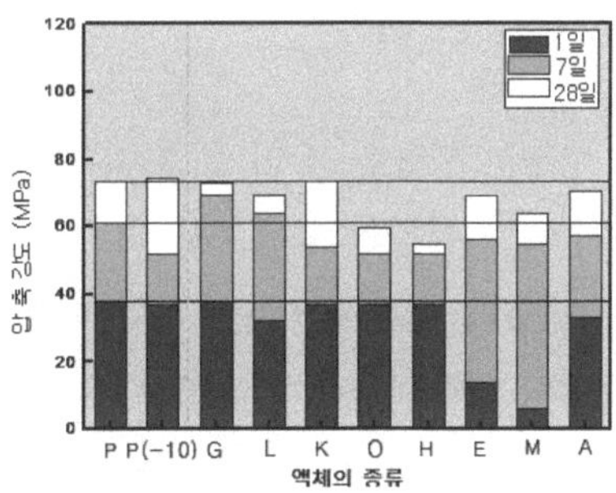

그림 2 압축강도

감스럽게도 좋은 결과를 얻지 못했다. 즉 물이 아닌 액체가 콘크리트 내부에 존재하면서 공극을 줄여주지 못하게 되니 강도에 전혀 도움을 주지 못한 결과였다. 결국 실험은 실패였다.

따라서 큰 기대를 하고 실험에 참여했던 학생들은 실망하였고, 특히 석사 학위 논문으로 실험을 주도한 대학원생은 더욱 낙담이 컸다.

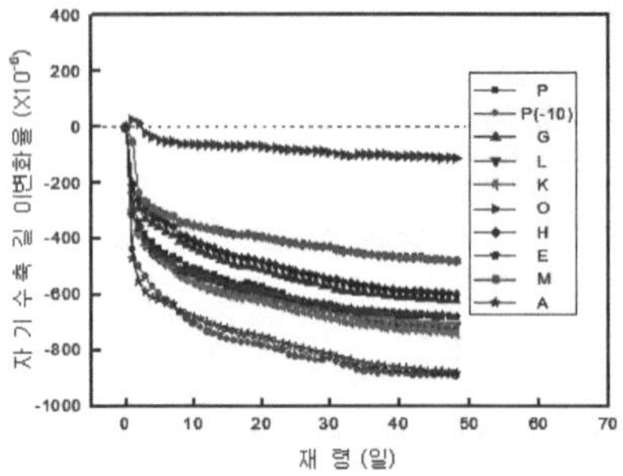

그림 3 자기수축

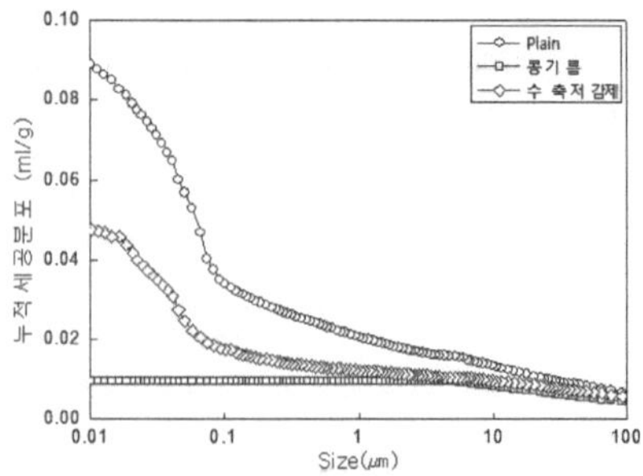

그림 4 세공경 측정 결과

모든 것을 포기하고 실험 자체를 버리려고 할 때, 필자는 대학원생에게 자기수축 데이터에 대하여 보여줄 것을 요구하였다. 그때 대학원생이 본인에게 제시한 데이터가 그림 3이었다.

9.3 위대한 발견

필자는 한동안 숨이 멎었고, 피가 거꾸로 솟는듯한 느낌이 들었다.

수축 저감제의 종류로서 외국의 경우 저가 알코올이 이용된다는 것을 알고 있었기 때문에 에탄올이나 메탄올 쪽에서 수축 저감이 올 수 있다고 생각하여 대학원생에게 측정을 부탁한 것인데, 의외로 식용유에서 자기수축이 거의 발생하지 않는 것이 발견되었다. 나중에 추가로 분석한 일이지만 포로시미터(Porosimeter)를 이용하여 모세관공극 분포를 측정하였는데 그 결과는 그림 4와 같았다.

결국 이와 같은 원인은 식용유의 주성분인 글리세린 에스테르 성분이 시멘트 수화물 중 수산화칼슘과 반응하여 글리세롤과 지방산 칼슘염, 즉 비누를 만드는 비누화 반응으로 모세관공극을 충전시켜줌으로써 초고강도 콘크리트에서 가장 문제시되는 자기수축(제II권 III-9 참조) 균열을 무엇보다 훌륭하게 해결해주었다.

즉, 옛날에 기름으로 튀김(템뿌라;てんぷら)을 만들어 먹고 남는 기름(폐식용유)을 어떻게 하였는가? 나이가 많은 사람은 경험하였겠지만 연료를 태우고 남는 재에 물을 내려받은 알칼리성인 잿물(화학적인 NaOH는 양잿물이라고도 함)과 반응시켜 비누를 만들어 사용하지 않았는가?

결국 초고강도 콘크리트에서 시멘트와 물의 수화반응으로서 수분 증발이 아닌(건조할 물이 없음) 조직 내부의 자기건조 상태로 수축이 발생하여, 건조수축 이상의 큰 균열이 발생하는 자기수축 균열 문제를 기존의 수축 저감제 혹은 팽창재보다 획기적으로 저렴하면서 양호한 품질로 가능할 수 있는 식용유란 새로운 물질을 찾아낼 수 있게 되었다.

이와 같은 발견은 역시 과학의 발전과정 중 연금술과 관련하여, 즉 이런저런 합금으로 금을 만들 수 없을까 하는 실험 과정 중 실패하여 버린 것 중 녹이 나지 않는 것이 있었음에, 그것이 스테인리스 스틸(Stainless steel)로 개발된 것처럼 멍청한 연구 실험에서 얻어진 위대한 발견인 것이었다.

다음 회에는 식용유를 콘크리트에 이용할 경우의 문제점과 이를 해결하여 수축 저감제로 완성하는 과정을 소개하고자 한다.

*김태완 : 물이 아닌 액체의 치환 종류에 따른 콘크리트의 공학적 특성에 관한 연구, 청주대학교 대학원 석사학위논문, 2008. 12

10. 자기수축 저감제의 개발

10.1 서 언

이전 단원에서는 '멍청한 실험, 위대한 발견'이란 제목으로 식용유를 초고강도 콘크리트의 자기수축 저감제로 개발하게 된 배경에 대하여 기술하였다.

이번 단원에서는 전 단원의 연속으로 식용유 종류별 자기수축 저감성능 분석 및 식용유 이용시 문제점과 이를 해결함으로써 수축 저감제로 개발하게 되는 일련의 과정에 대하여 기술해 본다.

10.2 식용유 종류에 따른 자기수축 저감성능 실험

화학적 침식과 관련한 내구성에서 식용유는 콘크리트를 팽창시키고 또한 침식시키는 유해물질로 알려져 있다. 그러나 보약도 과량 복용하면 독약이 되는 반면, 독약도 소량 사용하면 보약이 될 수 있는 것처럼(약학을 연구하는 사람이 아니라 틀릴 수도 있음) 식용유를 초고강도 콘크리트에 소량 사용하면 자기수축이 저감되는 보약과 같은 존재임을 알게 되었다. 따라서 본격적으로 다양한 실험에 착수하게 되었는데, 지면 관계상 많은 실험의 진행 내용을 모두 설명할 수는 없고 대략적인 흐름에 대하여만 간략히 소개하고자 한다.

(1) 고강도 모르타르의 기초적 실험

1) 식물성 유지류 종류에 따른 효과분석 실험

고강도 모르타르 상태에서 우선 어떤 식용유가 효과적인가를 분석하기 위하여 시중에서 유통되는 콩기름, 참기름, 들기름, 옥수수기름, 포도씨유, 올리브유, 폐식용유와 아울러 비교용으로 수축 저감제와 팽창제를 비교 실험하였다. 실험 결과 자기수축 저감능력은 콩기름이 제일 좋았고, 폐식용유도 폐기물 재활용에 경제성까지 고려하면 매우 효과적이었다.

2) 동·식물성 유지류의 효과 분석 실험

위 연구결과에 대한 효과를 재입증하고 아울러 동물성 유지류도 검토하기 위하여 콩기름, 폐식용유에 돼지기름을 추가한 다음 기존의 수축저감제 및 팽창제와도 비교하기 위해 고강도 모르타르 상태에서 실험을 진행하였다.

실험 결과 역시 콩기름이 제일 좋은 자기수축 저감 결과를 보였고, 다음으로 돼지기름과 폐식용유였다. 그러나 이 중 돼지기름의 경우는 효과는 좋을지라도 상온에서 굳어지므로 활용하기에는 불편함이 있어 대상에서 제외하였다.

(2) 고강도 콘크리트 적용 실험

1) 실험 내용

상기의 모르타르 실험에서 자기수축 저감에 효과적인 재료로서, 성능면으로는 콩기름(BO)이 가장 우수하였지만 가격과 함께 성능을 고려하면 폐식용유(WO)가 바람직하였다. 따라서 금번에는 고강도 콘크리트 조건에서 콩기름, 폐식용유와 역시 기존의 수축 저감제(SR) 및 팽창제(EA)를 비교하여 실험하였다.

실험 결과 그림 1과 같이 결합재에 대한 1%인 조건에서 콩기름 및 폐식용유가 월등한 효과를 확인할 수 있었다.

2) 문제 제기 및 해결의 아이디어

상기의 실험 결과에서 자기수축 저감면에서는 기존의 수축 저감제 및 팽

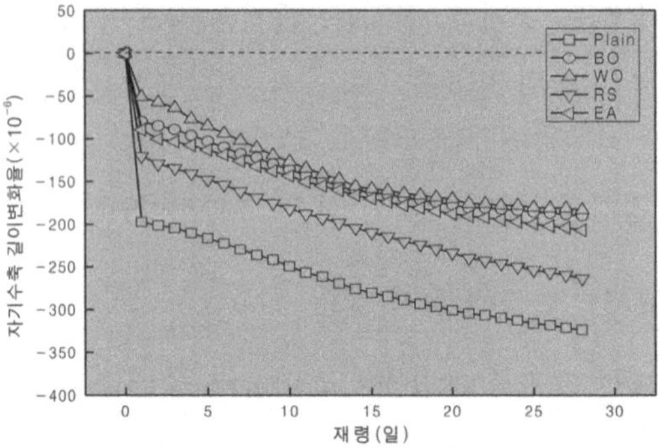

그림 1 콘크리트의 자기수축 길이변화율

창보다 유지류에서 월등한 효과가 나타났다. 그러나 식용유를 물과 함께 콘크리트에 혼합하는 만큼 고강도 콘크리트에서 고소한 냄새가 나는 것은 그런대로 이해가 되었지만, 기름이 물 위에 떠서 혼합되지 않는 것과 비빔된 콘크리트와의 급속한 비누화 반응으로 유동성과 공기량이 저하하고 압축강도까지 저하하는 현상은 해결하지 않으면 안 되었다.

따라서 고안을 하게 된 것이 유화처리 방법이었다. 즉 유화제의 친유기에 기름을 분산시켜 감싸주어 가두고, 친수기로 물을 잡아 표면을 보호함으로써 시공과정 중 유동성 및 공기량 저하를 막고, 경화 과정에서는 분산된 기름과 모세관공극에서 수산화칼슘의 알칼리수와 반응하여 지방산 칼슘염(비누)을 만들어주므로 모세관공극을 채워주어 압축강도 저하와 자기수축 문제를 해결할 수 있을 것으로 고안되었다.

10.3 자기수축 저감제의 개발

위의 실험 결과에서 성능면으로는 콩기름이 가장 좋았지만 가격면과 자원재활용 측면까지도 고려하면 폐식용유가 가장 효율적인 것으로 결론짓고, 이번에는 폐식용유를 필터링하여 정제처리하고, 이것을 유화제 종류 변수인

T1, T2로 유화처리한 것을 유화처리 전 폐식용유(WCO) 및 수축저감제(SR)와 비교 실험하였다.

실험 결과 ERCO-T2일 때 그림 2와 같이 유동성 저하가 적고, 그림 3과 같이 공기량 저하가 적으며, 그림 4와 같이 압축강도 저하가 적고, 그림 5와 같이 자기수축도 적어 가장 저렴하면서도 효과적인 자기수축 저감제의 개발을 완료할 수 있었다.

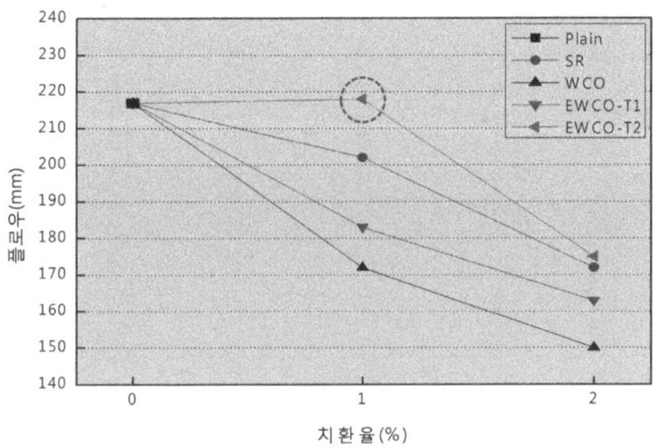

그림 2 수축저감용 혼화제 치환율 변화에 따른 플로우

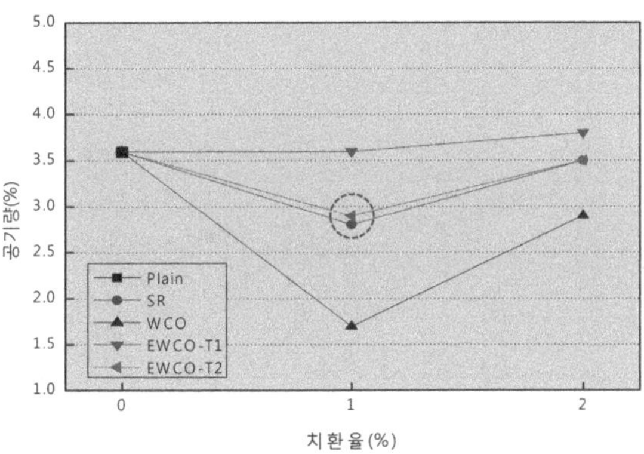

그림 3 수축저감용 혼화제 치환율 변화에 따른 공기량

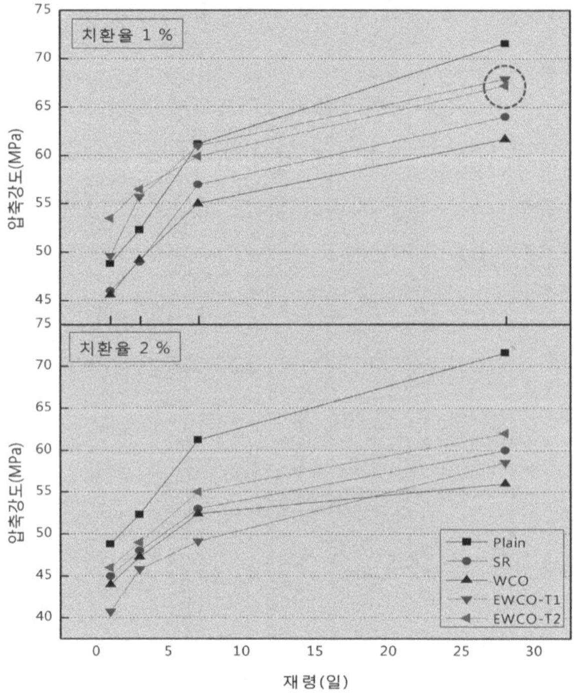

그림 4 재령경과에 따른 압축강도

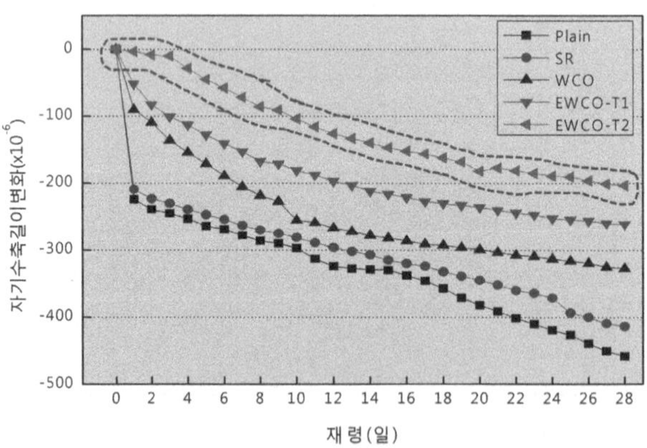

그림 5 재령경과에 따른 자기수축길이변화율 (치환율 1 %)

11. 자기수축 저감제의 실구조체 적용

11.1 서 언

이전 단원에서는 식용유를 초고강도 콘크리트의 자기수축 저감제로 활용하게 된 배경과 성능이 우수하면서 경제적인 식용유의 선택 및 유동성저하, 강도저하 등 품질저하 문제를 유화처리방법으로 해결함으로써 수축저감제로 개발을 완료하게 된 일련의 과정에 대하여 소개하였다.

본 단원에서는 이렇게 개발된 자기수축 저감제를 실제 건설되는 건출물에 적용하기에 앞선 Mock-up test와 실제 구조체에 적용된 사례에 대하여 소개하도록 한다.

11.2 적용현장의 개요

철로 만든 강관(Steel pipe)을 건설 구조체에 이용할 경우, 다른 어떤 형상보다 단면효율이 큰 이상적인 구조라는 것은 건설구조를 아는 사람이면 상식에 속한다. 그런데 이 경우 강관구조의 효율을 더욱 높이기 위하여 강관 속을 채워주는 것인데, 특히 초고강도 콘크리트로 채워주면 더욱 효율을 높일 수 있으므로 강관충전 콘크리트(CFT : Concrete Filled Steel Tube)가 개발되어 활용하고 있다.

표 1 및 그림 1과 같이 현장에 70 및 100 MPa인 초고강도 콘크리트가 이용되었는데, 이때 발생하는 초고강도 콘크리트의 자기수축 저감을 목적으로 유화처리 정제식용유(ERCO)가 검토되었다.

표 1 현장개요

공사명	부산 OO건축물	공사명	부산 OO건축물
공사기간	착공 후 34개월	용 적 률	881.8%
용 도	주상복합 (아파트, 오피스텔, 근린생활시설)	건축규모	B 5 F, 32 F~33 F, 3 개동
대지면적	5 042 m^3	세 대 수	781 세대
건축면적	2 812 m^3	건축구조	철근콘크리트 조
연 면 적	65 324 m^3	주차대수	지하 : 578 대
건 폐 율	55.8%		

그림 1 현장 조감도

11.3 Mock-up 시험

현장적용을 앞선 Mock-up 시험의 개요는 표 2와 같다. 단, 실무는 직경 400 mm 강관이었지만 실험의 편의상 400×400 mm의 사각형기둥을 그림 2와 같이 제작, 매립형 센서를 설치하고, 그림 3과 같이 실험을 진행하였다.

지면 관계상 모든 실험결과를 소개할 수 없지만 대표적인 실험결과는 그림 4, 5, 6과 같이 ERCO를 사용하지 않은 경우보다 ERCO를 0.5% 첨가한 경우 슬럼프는 증가하나 슬럼프 플로는 감소하고(재료분리저항성이 양호해짐), 압축강도는 5~10% 정도 증가하며, 자기수축은 크게 감소하는 결과를 나타내어 우수한 효과가 입증되었다.

표 2 실험계획

실험요인			시험수준	
기본 배합	레미콘 배합	2	• 20-70-650	• 20-100-650
	ERCO수축저감제	2	• 0	• 0.5
측정 및 수행사항	굳지않은 콘크리트	7	• 슬럼프 • 슬럼프 플로 • 슬럼프 플로 500 mm 도달시간	• 공기량 • 단위용적질량 • 응결시간 • V-lot 유하 시간
	경화 콘크리트	2	• 압축강도(3, 7, 28, 56, 91일)	
			• Mock-up 부재의 자기수축 길이변화율 (초결, 1, 2, 3, 4· · · · · · · · · · 28일)	

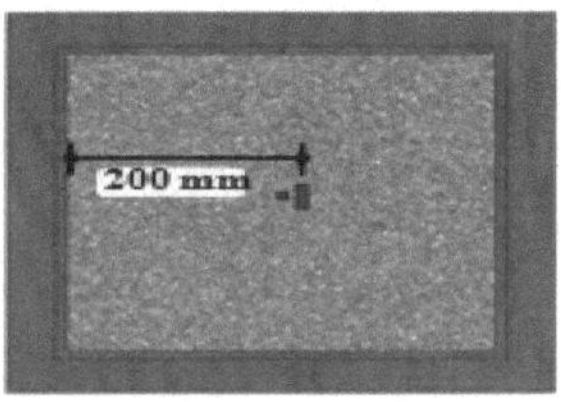

(a) 평면도

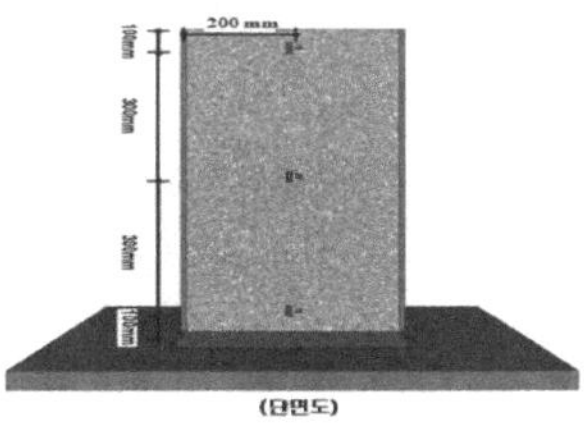

(b) 단면도

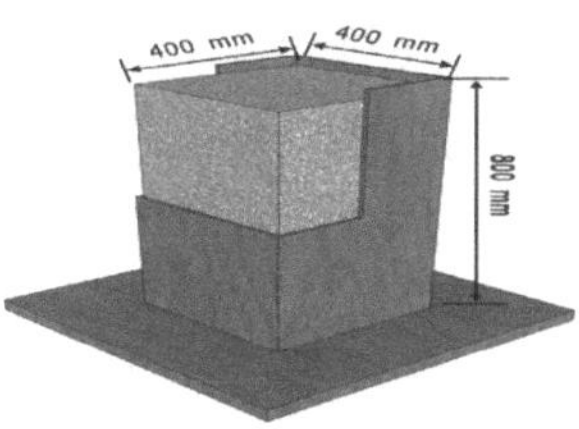

(c) 조감도

그림 2 Mock-up 시험체

(a) Mock-up 부재

(b) 혼화제 투입

(c) 부재 타설

그림 3 실험방법 (Mock-up)

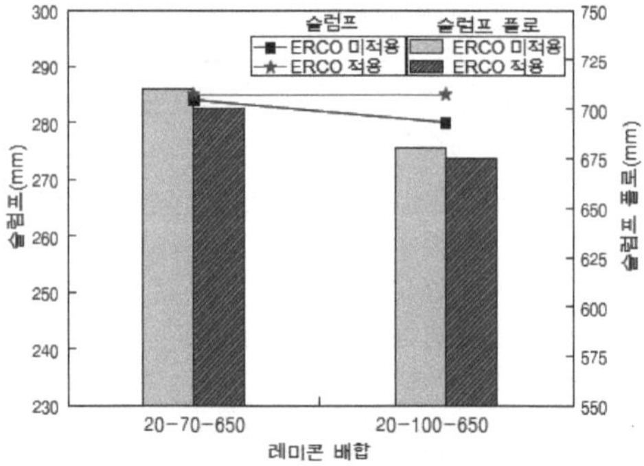

그림 4 ERCO 적용 유무에 따른 레미콘 배합별 슬럼프 및 슬럼프 플로

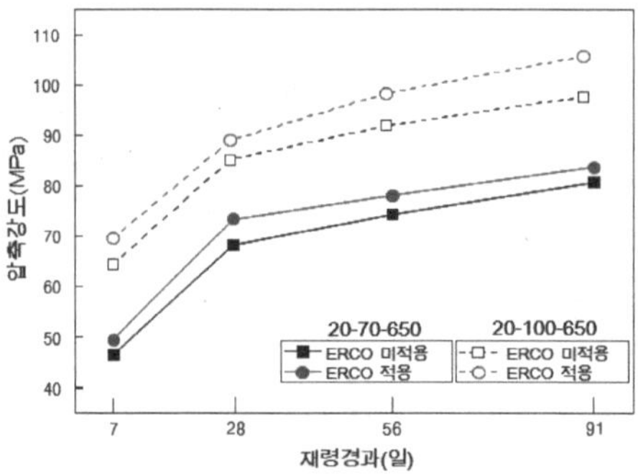

그림 5 ERCO 적용 유무 및 레미콘 배합별 재령에 따른 압축강도

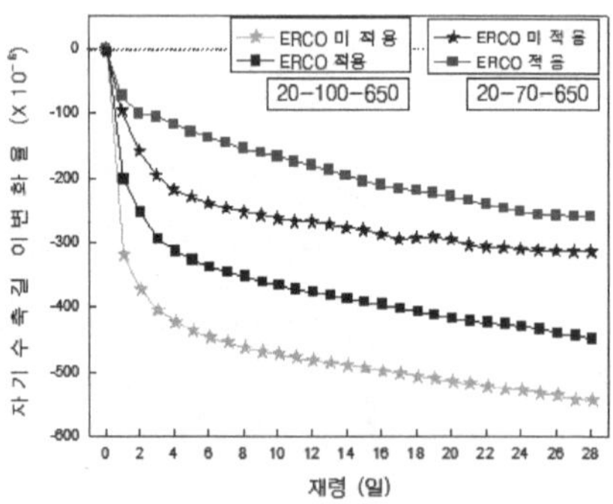

그림 6 ERCO 적용 유무 및 레미콘 배합별 재령에 따른 자기수축길이 변화율

11.4 현장 타설 결과

Mock-up 시험으로 우수한 효과가 입증되었으므로 실 구조체의 타설에 활용하였다. 활용결과 특별한 문제점은 없는 것으로 나타났다. 그러나 강관 속에 콘크리트를 타설하였으므로 육안으로 균열 여부를 확인할 수 없었지만 타설된 강관의 상부에서 관찰할 때 일반적으로 강관과 콘크리트 사이에서 콘크리트의 자기수축에 의해 틈이 생길 수 있지만 그림 7과 같이 전수검사 결과 전혀 틈이 없이 밀실하게 채워졌음을 확인할 수 있어 유효성을 입증할 수 있었다.

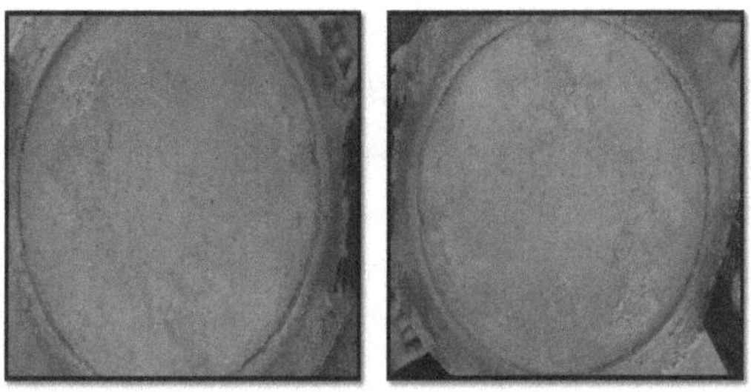

그림 7 실제 타설 후 CFT 강관 내부의 콘크리트 모습

12. ERCO의 내구성 증진제 및 기타 활용

12.1 서 언

이전 단원에서는 폐식용유를 정제하고 유화처리한 유화처리 정제식용유(이하 ERCO)를 자기수축 저감제의 활용으로 개발과정 및 실구조체 적용 사례까지 일련의 과정에 대하여 소개하였다.

본 단원에서는 전 단원의 연속으로 ERCO의 모세관공극 충전원리를 효과적으로 이용한다면 일반강도 영역에서의 내구성 증진, 콘크리트 양생재 등 다양한 활용에도 가능할 수 있는데 이에 대하여 소개하도록 한다.

12.2 콘크리트 제조시 혼합활용

초고강도 콘크리트에 ERCO를 혼입하면 모세관공극 내에서 지방산의 글리세린 에스테르가 시멘트 수화물인 수산화칼슘의 알칼리와 비누화반응을 일으켜 팽창성에 따른 공극충전 효과로 자기수축을 저감하는 것에 대하여 설명한 바 있다.

그렇다면 이번에는 일반강도 영역에서의 활용을 검토해볼 필요가 있다. 즉 필자는 OPC 100 %와 OPC에 고로슬래그 미분말 60 %, 플라이애시 30 % 등 다양한 재료조합에 W/B 40, 50, 60 %인 조건에서 ERCO를 0, 0.25, 0.5, 1.0 % 혼입한 경우에 대하여 각종 실험을 진행하였다.

실험결과 ERCO의 혼입율이 증가함에 따라 슬럼프의 경우 OPC 100 %와 BS 60 %는 약간 저하하나, FA 30 %는 증가하였다. 압축강도, 인장강도 및 탄성계수 등 역학적 성질은 별다른 차이가 없는 것으로 나타났고, 탄산화,

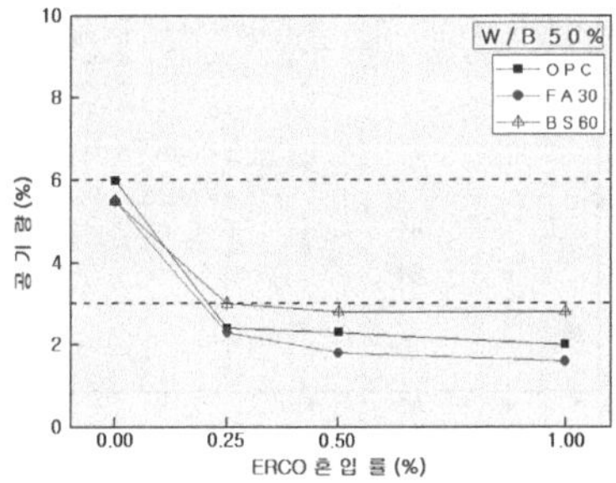

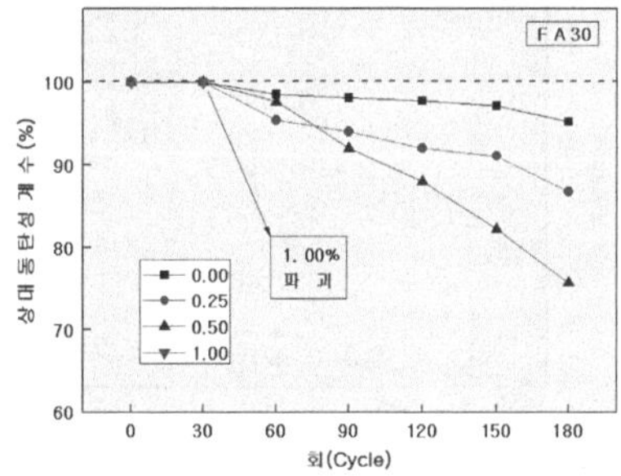

그림 1 ERCO 혼입율 변화에 따른 공기량

그림 2 ERCO 혼입율별 내동해성

염해 등 내구성에는 매우 효과적인 것으로 나타났다. 그러나 ERCO 혼입은 그림 1과 같이 공기량이 저하하였고, 이로 인해 그림 2와 같이 내동해성이 심각하게 저하하였다. 이는 친수기, 소수기로 이루어진 AE제가 공기를 만들지 못하고 ERCO를 흡착하게 됨에 기인한 것으로 분석되었다.

따라서 이번에는 미리 만들어진 초미세 고무공과 같은 초미립 공기포(상품명 : Expancel)를 넣거나, ALC분말을 넣는 것도 검토 · 실험하였다. 실험결과 내동해성 효과는 분명히 있었지만 Expancel은 고가인 점이 문제시 되었고, ALC분말은 강도저하가 매우 크게 되므로 새로운 대안을 찾게 되었다.

12.3 콘크리트에 도포 활용

ERCO 처리방법은 콘크리트 혼합시 함께 넣고 제조하는 것이 가장 편리하고 효과도 좋겠지만, AE공기량 저하에 문제가 발생하여 이번엔 어쩔 수 없이 바르는 도포방법을 검토하게 되었다.

도포는 어느 시기에 도포해도 괜찮지만 특히 거푸집 탈형 후 1일 정도 표면을 건조시켜 ERCO 침투를 원활하게 한 다음 도포하는 것이 좋은 결과였다. 역시 원리로는 모세관공극 속의 수산화칼슘 알칼리와 ERCO의 글리세린 에스테르가 비누화반응을 일으켜 표면의 모세관공극을 충전시키는 것이다.

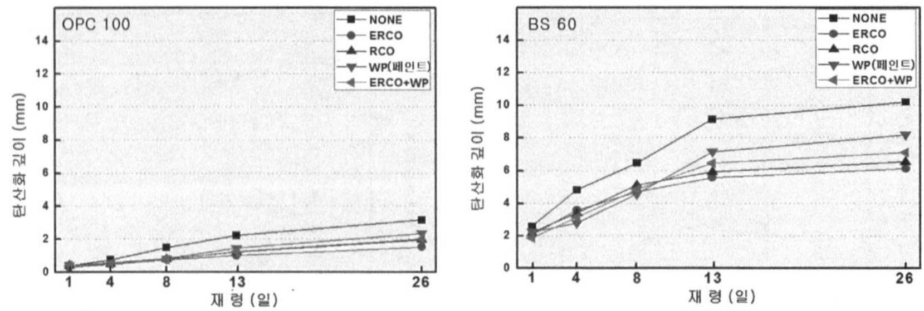

그림 3 재령경과에 따른 탄산화 깊이

이렇게 되면 우선 콘크리트 내부의 양생 효과를 기대할 수 있다. 즉 내부의 수분증발을 막아 건조수축을 줄여주고, 압축강도도 향상시킨다.

또한 기둥으로 가정하면 중심부는 일정량의 수분을 함유하고 있으나 표면부만 급속히 건조되어 내부구속 수화열균열과 같은 작용으로 표면건조수축균열이 발생할 수 있는데 표면의 모세관공극을 비누로 채워 건조를 방지함으로써 이와 같은 균열을 방지할 수 있다.

제일 큰 역할은 내구성 향상이다. 즉 최근 최저가낙찰 문제로 레미콘 가격이 하락함에 따라 BS 및 FA 치환율이 높아 중성화 속도가 매우 빠르게 나타나는데, 그림 3과 같이 ERCO를 표면에 도포하면 모세관공극을 막아 CO_2 침투가 억제됨에 따라 탄산화 속도가 늦어진다. 마찬가지 원리로 콘크리트 구조물 표면에 ERCO를 도포하면 모세관공극이 충전되어 방수성능이 우수해짐으로써 염화물침투, 황산염침투도 어려워지는데 그림 4는 이를 입증하는 염화물침투 실험결과이다.

결론적으로 혼화재를 다량치환하여 수명단축이 예상되는 일반강도 콘크리트의 경우는 거푸집 탈형 후 1일 정도 건조한 후 롤러, 뿜칠, 붓 등으로 ERCO를 콘크리트 구조체 표면에 도포한다면 모세관공극의 비누화 충전으로 콘크리트의 양생효과, 부등건조에 따른 수축균열 방지, 중성화, 염해, 황산염침투 저항성 등이 향상되어 건설물의 수명을 크게 연장할 수 있는 우수한 방법이 된다.

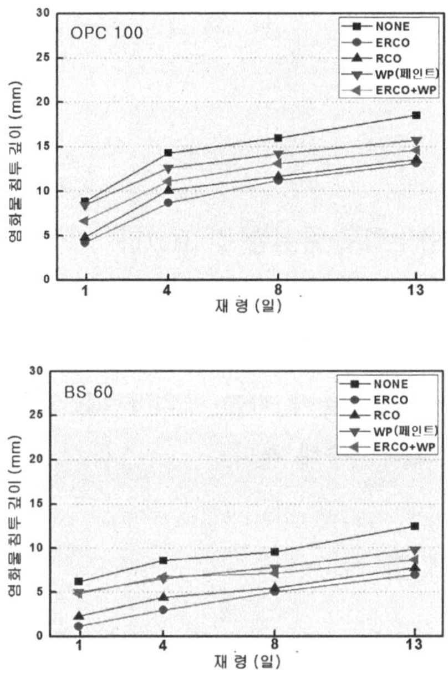

그림 4 재령경과에 따른 염화물 침투 깊이

13. 가뭄 극복 레미콘 용수

13.1 서 언

2017년의 가뭄은 유난히도 극심한 것 같았다. 기상청에 따르면 100년만에 최악이라고까지 보도했었다. 이번 단원에서는 가뭄 극복에 레미콘 차량까지 도입되고 있는 상황에서 레미콘 차에 의한 전답급수의 경우 알칼리성 물이 농작물에 피해를 주지나 않을까 하는 우려가 있는데, 이의 유해성 여부와 관련하여 농업적 지식을 기술해 본다.

13.2 종전 사례의 회고

우리나라는 매년 5~6월은 가뭄이 심한 것이 계절적 특징이다. 따라서 가뭄이 심한 계절에는 타들어가는 농작물을 그냥 둘 수 없어 관정, 저수지, 개울 등 다양한 물을 펌프로 양수하여 가뭄을 극복하게 된다. 그러나 아주 특별한 경우는 사진 1, 2와 같은 레미콘 차량으로 물을 날라 가뭄을 극복하고 있는데, 더 특별한 경우는 레미콘 제조 과정에서 발생하는 회수수까지도 이용한 사례가 있음에 그 내용을 소개해 보고자 한다.

지금으로부터 대략 28년 전인 1990년도의 일이다. 충북의 모 레미콘 사장에게 한 농부가 찾아왔다. 가뭄이 극심하여 모내기한 논이 거북이 등처럼 갈라지고 벼가 말라 죽고 있으니 농부는 어차피 버린 농사이니 레미콘 사장에게 레미콘 출하 후 차량을 씻은 물(회수수)이라도 좋으니 이판사판으로 우리 논에 물좀 부어달라고 간청하게 되었다. 따라서 레미콘 사장은 불법일 테지만 처리하기 골치 아픈 레미콘 회수수를 수십대의 차량에 싣고 갈라진 논에 물을 부어주었다. 그리고 몇 달이 지나 레미콘 사장은 지난 일을 까마

(2017년 6월 25일자 충청일보(충주 · 제천 · 단양) 제 20270호 기사 참고 박장규 기자)

사진 1 제천시 금성면 소재 OO레미콘이 농경지에 물을 공급하는 모습

(2017년 6월 22일자 대한전문건설신문 제1262호 산업3 기사 참고)

사진 2 강원 소재 OO레미콘이 농경지에 물을 공급하는 모습

득하게 잊고 있었는데, 어느날 농부가 쌀을 몇 가마니 싣고 레미콘 사장을 찾아왔다. 말라죽어 가던 벼가 당신 덕분에 살아났으며 더 나아가 예년보다 대풍이 되어서 이렇게 보은 차 찾아왔다는 것이었다. 이것이 계기가 되어 1991년도 한국과학재단에서는 레미콘협동조합과 협력연구로 레미콘 회수수의 재이용 방안에 관한 연구가 3년간 진행되었다.

13.3 회수수가 농작물에 미치는 영향

일반적으로 회수수는 pH12 정도의 강알칼리성으로 농작물에 피해가 있을 것으로 생각한다. 그런데 회수수를 이용한 논농사에서는 역으로 대풍을 이루게 되었는데, 그 이유는 무엇일까?

몇 가지 측면에서 이유를 설명할 수 있을 것이다. 먼저, 가뭄이 든 상황이면 벼의 경우는 뿌리쪽의 성장이 왕성하게 되어, 물이 차후에 원활히 공급되기만 하면 마르지 않았던 경우보다 더 많은 영양분을 빨아올려 수확량이 많아질 수 있다.

그러나 가장 근본적인 것은 그간 우리나라 논 · 밭의 토양조건은 유안비료 {$(NH_4)_2SO_4$}의 남용 등으로 산성화되어 있다. 즉 NH_4(암모니아) 성분은 질소질비료로 농작물의 성장에 이용하고 나면 토양에는 SO_4 성분이 남아 특히 여름철 논에 물이 갇혀 있는 조건이면 혐기상태가 되어 SO_3, SO_2 등의 유독가스가 발생하거나 혹은 물과 반응하여 H_2SO_4 , H_2SO_3 등 황산 및 아황산이 뿌리쪽에서 발생하게 되면 수확기 볏 잎에 검은반점이 생기는 호마엽고병(소위 깨시무늬병)이 발생하여 농작물의 수확이 예상보다 크게 감소하는 추락답의 형태를 띠게 된다.

이 경우 레미콘 회수수 중 알칼리는 주로 시멘트 광물조성 중 C_3S, C_2S의 수화반응에서 생기는 수산화칼슘{$Ca(OH)_2$}으로서 이 중 알칼리는 산과 중화반응을 일으키고 SO_4는 Ca 및 물(H_2O)과 반응하여 불용성의 $CaSO_4 \cdot 2H_2O$(석고)를 형성하게 된다. 즉 회수수는 중화의 역할과 석회질비료의 역할을 하게 되고, 기타로 회수수 중 시멘트 성분의 SiO_2는 규산질비료의 역할을 동시에 수행하게 되므로 결국 논농사는 대풍을 이루게 된 것이다.

참고로 과학재단의 후원으로 이루어진 슬러지수를 사용한 Pot재배시험 결과에 의하면 벼를 재배한 경우는 9~12%, 대두(콩), 앨팰퍼와 배추는 6% 수준에서 증산효과가 나타났으나 보리의 경우에는 오히려 뿌리의 발육을 저해시켜 생육이 빈약하고 수확량도 감소한 것으로 보고하고 있다.

따라서 회수수는 작물의 특성상 적용 가능 품종 및 사용량이 달라짐도 참고할 필요가 있다.

13.4 결 언

근래의 극심한 가뭄에 혹자는 레미콘 차로 물을 날라 농작물에 가뭄을 해소해 주었을 경우 가뭄 극복에는 도움이 되겠지만 알칼리성에 의해 농작물 및 인체에 피해가 있지나 않을까 우려하기도 한다. 그러나 전술한 바와 같이 강알칼리성인 회수수를 이용하여도 문제가 없고 오히려 농작물에 유리하게 작용했는데, 레미콘 차에 소량의 알칼리가 물에 포함되어 있다고 하여 농작물에 피해를 주거나 인체에 해는 거의 없으니 안심해도 좋다.

II 보통 콘크리트

1. 콘크리트의 재료분리 개요
2. 콘크리트의 재료분리 평가방법
3. 콘크리트 양생의 정의 및 개요
4. 콘크리트타설 표면의 양생순서와 시기
5. 콘크리트 양생방법과 재료
6. 양생용 버블시트의 개발
7. 동절기용 2중 버블시트의 활용
8. 하절기용 백색 1중 버블시트의 활용
9. 레미콘 호칭강도의 정확한 이해
10. 별것도 아닌것을
11. 콘크리트의 화학적 부식(III)

1. 콘크리트의 재료분리 개요

1.1 서 언

비빈 콘크리트는 어느 부분의 시료를 채취하더라도 균일해야 한다. 그러나 실무에서는 그렇지 못하고 비균질성을 나타내는 경우가 많은데, 이와 같이 균질성이 소실되는 현상을 재료분리(Segregation)라 한다. 이 단원에서는 콘크리트의 재료분리에 대한 분류, 원인 및 방지방법에 대하여 설명하고 다음 단원에서는 재료분리 평가방법 등에 대하여 소개하고자 한다.

1.2 재료분리의 분류

콘크리트에서 발생하는 재료분리는 전체 구성요소 중 한두 요소가 비균질하면 당연히 다른 요소도 비균질하지만 이론적으로는 두 가지 요소로 분류하여 설명하고 있다. 즉 콘크리트의 모든 구성요소 중 굵은골재만이 집중적으로 모여지는 「굵은골재의 분리」가 있고, 또 하나는 콘크리트 구성요소 중 시멘트페이스트 및 물이 틈새로 빠져나가거나 위쪽으로 떠올라 모여지는 「시멘트페이스트 및 물의 분리」가 있다.

1.3 굵은골재의 분리

굵은골재의 분리란 콘크리트 조성 중 시멘트 모르타르 부분에서 굵은골재가 빠져나와 불균일하게 존재하는 것을 말한다. 굵은골재의 분리 원인은 크게 표 1과 같은 3가지 원인으로 나눠 볼 수 있는데, 표 1의 3가지 원인이 단독으로 또는 복합적으로 나타날 수도 있다.

표 1 굵은골재분리의 원인

(1) 굵은골재와 모르타르의 밀도차 (2) 굵은골재와 모르타르의 유동특성차 (3) 굵은골재와 모르타르의 치수차

(1) 굵은골재와 모르타르의 밀도차

이 경우는 굵은골재의 경우가 시멘트 모르타르 부분보다 밀도가 큰, 즉 중량골재를 사용하거나 (침강) 혹은 밀도가 작은 경량골재를 이용할 경우 (부상) 발생하는데, 장기간 수송 혹은 바이브레이터와 같이 콘크리트내 진동으로 액상화가 촉진되는데 콘크리트의 유동성이 큰 반면 모르타르의 점성이 부족한 경우에 발생한다.

(2) 굵은골재와 모르타르의 유동특성차

이 경우는 펌프압송시 압송관 내의 분리이다. 즉 펌프관 내에서 콘크리트 압송방향으로 압력구배가 가해진 경우 유동성이 양호한 모르타르가 먼저 나아가고 굵은골재가 뒤로 처지게 되는데, 이런 분리가 현저하면 펌프폐색(閉塞 : 막힘) 사고가 발생한다.

이와 같은 분리는 부어넣기 과정에서도 발생하는데, 그림 1과 같이 손수레, 슈트(Chute : U자 모양 함석 등으로 콘크리트가 경사지게 하여 흘러가게 하는 것)나 삽 등으로 한쪽 벽면의 거푸집에 부딪치게 하여 부어 넣으면 부딪친 면에는 점성이 큰 모르타르가 모이고, 부딪친 반대편으로는 굵은골재가 튕겨져 모여지는 유동특성차로 굵은골재가 분리되어 결국 거푸집을 탈형하면 곰보가 발생하게 된다.

또한, 시공과정에서 처음 타설 부위의 상황으로 점성이 큰 모르타르는 펌프 내벽, 거푸집, 철근에 달라붙고 굵은골재만 쌓이는 경우라든가(사진 1 참조), 대량으로 가수된 경우 타설 부위에서 시멘트모르타르는 멀리 유동해

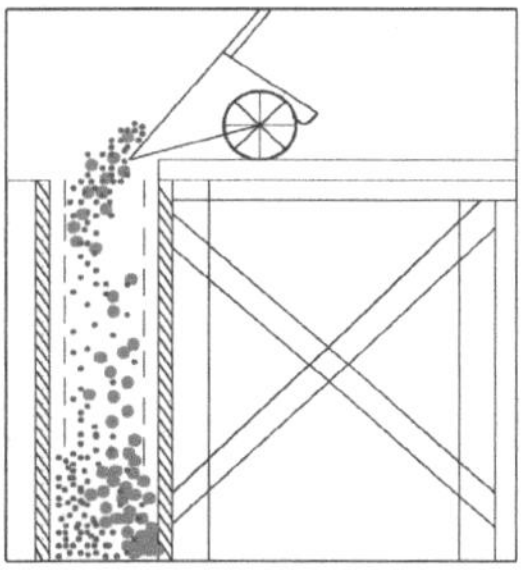

그림 1 굵은골재의 분리

사진 1 굵은골재의 분리모습

가고 유동성이 나쁜 굵은골재만이 남아 곰보가 발생하는 경우 등 유동특성 차이로 굵은골재는 분리를 일으킨다.

(3) 굵은골재와 모르타르의 치수차

이 경우는 굵은골재의 최대치수가 철근의 배근 간격보다 혹은 철근의 피복두께보다 큰 경우에 발생한다. 즉 철근에 의해 굵은 입자가 유동을 방해받아 충상으로 곰보가 발생하거나 균열로 감지되는데, 철근의 간격 혹은 굵은골재의 최대치수를 조정하는 것으로 막을 수 있다.

특히 최근 우리나라의 경우는 굵은골재의 불연속입도분포(Gap grading)에 의해서 유동특성차와도 연관하여 굵은골재의 분리가 감지되는 경우가 있어 연속입도분포차원에서 재검토가 요구된다.

이상의 「굵은골재의 분리」 방지대책으로는 위 3종류의 원인을 이해하며 대책을 강구하면 해결할 수 있다. 즉 굵은골재와 시멘트모르타르 간에 밀도차가 적게 되도록 하고, 유동특성에 차가 없도록 하며, 치수차가 발생하지 않도록 하면 되는데, 이와 같은 문제가 발생하더라도 모르타르의 점성으로 확고하게 잡아줄 수만 있다면 재료분리를 크게 줄일 수 있다. 즉 물시멘트비를 낮추고, 단위수량을 줄이며, 양질의 혼화재를 이용하고, 증점제를 활용하며, 잔골재율을 높이는 등의 방법은 좋은 대책이 될 수 있다.

1.4 시멘트페이스트 및 물의 분리

시멘트페이스트 및 물의 분리란 콘크리트 조성 중 비교적 미립자이거나 밀도가 작은 구성요소가 콘크리트 구성체로부터 빠져나오는 것으로 다음 표 2와 같은 3가지 원인으로 나눠볼 수 있다.

표 2 시멘트페이스트 및 물의 분리원인

(1) 거푸집 틈새로 시멘트페이스트 누출
(2) 콘크리트 타설 표면으로 물의 떠오름(블리딩)
(3) 블링딩수가 모인 곳에서 콘크리트 씻겨짐

(1) 거푸집 틈새로 시멘트페이스트 누출

이 경우는 거푸집 제작의 문제점으로 거푸집 패널의 이음부, 구멍 등 각종 틈새로 시멘트페이스트가 누출되는 경우이다. 이렇게 되면 거푸집 내에 남아 있는 콘크리트는 시멘트페이스트가 누출되어 소위 곰보현상을 나타내며 미관을 해친다.

(2) 콘크리트 타설 표면으로 물의 떠오름(블리딩)

타설된 콘크리트는 자연의 섭리에 따라 밀도가 큰 것은 가라앉고, 밀도가 작은 것은 떠오르는데, 특히 타설된 콘크리트 표면으로 떠오르는 물을 블리딩(제II권 II-12~15 참조)이라 한다. 따라서 콘크리트 내부에서 발생하는 블리딩은 상승하는 수로(水路)로 나타나고, 이 수로가 서로 횡으로 연결되는 채널링(Channeling)을 일으키게 된다. 또한 거푸집 표면을 따라 상승하는 물은 사선(砂線 : Sand Strick, 씻긴모래 모양)을 만들어 결국 이 모든 것들은 방수결함, 침하균열 및 미관손상 등의 원인이 된다.

(3) 블리딩수가 모인 곳에서 콘크리트 씻겨짐

교과서 등에서 특별히 언급한 것이 없어 용어가 궁색하지만, 펌프시공 등의 경우 콘크리트 배출이 수평을 이루지 못할 때 블리딩수는 낮은 곳으로 모여 물구덩이처럼 되는데, 이곳은 낮은 곳이므로 높은 곳의 콘크리트를 이 곳으로 밀어 넣으면 콘크리트가 일어지는(쌀에 물로 돌을 고르는 것과 같음) 것처럼 되어 블리딩 수에 미세모래 및 시멘트가 부유했다가 시간이 경과하면 충상으로 가라앉아 굳어진다. 그러나 이 부분은 시멘트페이스트만의 모임으로 건조수축이 커서 균열이 발생하고, 나중에는 미세모래층에서 층이 분리되어 떨어져 나가는 결함을 발생시킨다.

시멘트페이스트 및 물의 분리 방지대책으로는 역시 원인에 대한 대책으로 거푸집을 밀실하게 제작해야 하고, 블리딩이 발생하지 않도록 재료 선정, 배합 및 시공을 실시하여야 하며, 시공과정에서도 국부적으로 블리딩이 몰려 콘크리트가 씻겨지지 않도록 하는 것이 중요하다.

2. 콘크리트의 재료분리 평가방법

2.1 서 언

이전 단원에서는 재료분리의 정의, 분류, 원인 및 방지대책에 대하여 전반적인 사항을 고찰한 바 있다. 본 강좌에서는 전 강좌에 이어 보통콘크리트의 재료분리에 대한 사고 및 재료분리 평가방법에 대하여 소개해 보도록 한다.

2.2 재료분리에 대한 사고(思考)

콘크리트에서 균열 발생이라는 결함은 어쩔 수 없는 것처럼, 콘크리트의 재료분리도 크고 · 작은 차이는 있을지라도 어쩔 수 없는 현상으로 받아들여진다. 즉 콘크리트란 태생적으로 크고 작은 입자의 조성에 또한 각 입자는 무겁고 · 가벼운 재료로 구성되어 물로 반죽된 액체를 거푸집에 부어 넣은 다음 진동기로 진동을 주어 더욱 액상화를 촉진시키는 것은 필연적으로 재료분리가 발생한다.

재료분리가 크게 발생하는 경우는 전 강좌에서 「굵은골재의 분리」와 「시멘트페이스트 및 물의 분리」에서 설명하였지만 문제시되지 않는 경우라도 기둥이나 벽의 경우 보통콘크리트인 경우는 상부쪽에서 물이 많이 떠올라 물시멘트비가 커지므로 20~30 % 정도 강도가 저하하는 경우도 있다.

일례로 사진 1의 경우는 정상적으로 제작된 $\phi 100 \times 200$ mm 공시체의 압축강도 시험 사례이지만 중앙부가 아닌 상부쪽에서 파괴되는 것을 보면 높이 20 cm에도 재료분리가 발생함을 입증하는 자료이다.

사진 1 압축강도 시험모습(재료분리)

따라서 종전의 구조해석에서 설계기준강도보다 허용압축강도 특히 단기 압축강도의 안전율(장기와 단기간의 안전율은 크리프를 고려함)은 시공상 결함으로 재료분리에 의한 결함을 가장 크게 반영한 것이며, 또한 코어채취에 의한 강도평가에서도 평균은 설계기준강도의 85% 이상이고 최소는 75% 이상이면 합격으로 평가하는 것 등이 이와 같은 상황을 고려하는 일련의 조치인 것이다.

2.3 재료분리의 평가방법

콘크리트 배합설계에서 혹은 납품된 레미콘 검사에서 재료분리 평가로 적절한 값을 결정하는 것은 가장 어려운 사항 중 하나이므로 역시 노련한 사람만이 잘 판단할 수 있다.

즉, 재료분리 여부의 평가는 콘크리트의 점성에 대한 평가로서 액체처럼 흐르는 콘크리트에서, 크고·작은 입자 및 무겁고·가벼운 구성재료가 분리되지 않게 하려면 점성이 잘 발휘되어야 한다. 그러면 콘크리트에서는 무엇이 점성을 내는지 먼저 생각해 보아야 한다. 기본은 시멘트 같은 미립자, 즉 분체의 양이다. 단위시멘트량을 많게 하거나 혹은 시멘트량에 플라이애시, 고로슬래그 미분말, 석회석 미분말 등을 치환해 주는 경우도 시멘트보다 밀도가 낮으면서 동일질량으로 치환해주면 분체 부피가 늘어나 점성이 증가하는 결과이다.

또한, 골재에서는 굵은골재보다는 잔골재량을 많게 할 때(일반적인 배합설계는 재료분리를 일으키지 않는 범위에서 잔골재율을 낮춤), 즉 잔골재율(s/a)을 높이면 점성이 증가하여 재료분리가 방지된다.(제 I 권 II-4) 그러나 시멘트량이 적은 저강도 빈배합 콘크리트에서 미립자가 적은, 즉 조립률이 큰 잔골재로 배합설계를 할 때에는 아무리 잔골재율을 높여도 점성이 발휘되지 않으므로 결국 콘크리트 배합이 되지 않는다는 것도 이해해야 할 것이다.

또 다른 점성증진책으로는 증점제의 활용이다. 즉 약을 이용하여 점성을 발휘하는 것으로 메틸셀룰로오스, 에틸셀룰로오스, 다당류 폴리머, 폴리에틸렌옥사이드(PEO) 증점제, 검류 등 무수히 많은 종류가 있는데, 품질, 가격 등을 심도있게 고려하면 효율적인 방법을 찾을 수 있다.

재료분리 평가방법은 일반콘크리트의 경우 슬럼프 시험을 관찰하고 그 이후 처리로 평가하게 되는데 그 내용은 다음과 같다.

먼저, 슬럼프 시험결과로 비교적 큰 슬럼프의 경우 한쪽으로 콘크리트가 쓰러지는 듯 흘러내리는 경우(실무에서는 전단슬럼프라고 함)인데, 처음 한

사진 2 슬럼프시험 모습

번은 재시험을 실시하지만(제 I 권 IV-4 참조) 재시험에도 동일한 결과가 발생한다면 재료분리로 평가한다. 물론 이런 경우 슬럼프 콘 주변으로 시멘트 페이스트가 누출되는 경우도 있는데, 이것도 재료분리이다.

이번에는 슬럼프가 작은 경우인데, 종전에는 다짐봉으로 슬럼프 시험한 콘크리트의 측면을 두들겨보거나, 바닥을 들썩들썩하여 콘크리트의 흐름을 보는 경우였다. 그러나 평가를 어떻게 해야 할지는 명확하지 않았다. 따라서 이런 경우의 평가로써 2013년 4월 일본 콘크리트 공학에 게재된 마루야 쓰요시(丸屋剛)씨의 테크니컬 레포트 기사를 소개하는 것으로 대신해본다.

즉, 슬럼프 시험이 끝난 콘크리트를 공기량 시험에 이용하는 고무망치를 이용하여 슬럼프 판을 두드려 사진 3과 같이 슬럼프 및 슬럼프 플로가 커질 때 슬럼프 플로 47 cm(약 50 cm로 관리하면 편리 : 다짐완료에너지)에 도달할 때까지 최초 슬럼프 몰드 윗지름 10 cm의 원 모습이 흔적이라도 남아 있으면 점성이 탁월한 경우로서 재료분리가 아니라고 평가하지만, 원이 없어진 경우는 잘못된 배합설계로 재료분리라고 평가하는 것이다.

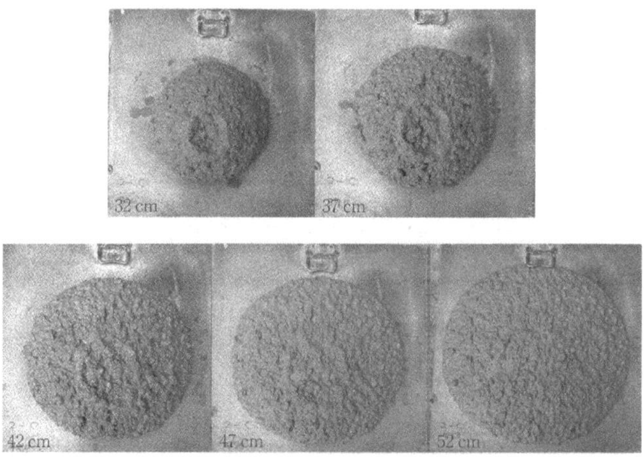

사진 3 두드림시험에 의한 시료상면의 원형 변화상태(양호배합)

*(丸屋剛外3人;締固めエネルギーの観点から見たフレッシュコンクリートの品質および施工性の評価, コンクリート工学, vol.51, No.4, 2013.4)

3. 콘크리트 양생의 정의 및 개요

3.1 서 언

최근 건설공사현장에서는 균열, 강도미달, 내구성저하 등 콘크리트 품질 문제가 심각한 수준으로 보고되고 있다.

즉, 잔·굵은골재 등 원자재의 품질이 매우 열악한 상태에서 레미콘 배합도 정상을 벗어나고, 시공 또한 원칙을 준수하지 않는 사례가 발생함에 따른 결과이다. 옛 속담에 "엎친 데 덮친 격"이라는 표현이 합당할 수 있는데, 이와 같은 문제를 해결하기 위해서는 많은 요소가 얽혀 있어 쉽지는 않지만 이번 단원에서부터 몇 단원은 콘크리트의 시공과정 중 양생문제를 중심으로 해결책을 정리하여 기술해 보도록 한다.

3.2 양생의 정의

양생(養生 : Curring)이란 일명 보양(保養)이라고 하는데, 말뜻대로 하면 보호(保護)하고 양육(養育)하는 것이다. 인간 성장과정으로 예를 들면, 양생이란 태어난 신생아의 경우는 연약하고 주위환경에 잘 적응하지 못하므로 춥고 더움으로부터 보호하고, 먹여주고 재워주며, 병에 걸리지 않도록 예방주사도 맞히며, 학교에 보내 공부를 시켜서 성숙한 성인이 되도록 키워주는 일련의 과정을 말하는 것이다.

그런데 콘크리트의 경우에 있어 양생이란 타설이 끝난 콘크리트가 시멘트의 수화반응에 의하여 충분한 강도를 발현하고, 균열이 생기지 않도록 하기 위하여 일정 기간동안 적당한 온도와 습도조건을 유지하며, 수분을 공급하

표 1 양생의 기본

- 양생
  - 습윤양생
    - 수중
    - 담수
    - 살수
    - 젖은 잔골재
    - 젖은 포(양생매트, 가마니 등)
    - 불투수성시트(버블시트 등)
    - 막양생
      - 유지계(용제형, 유제형)
      - 수지계(용제형, 유제형)
  - 온도제어양생
    - 매스콘크리트 — 파이프쿨링, 연속살수 등
    - 한중콘크리트 — 단열, 급열, 증기, 전열 등
    - 서중콘크리트 — 살수, 햇볕덮개 등
    - 촉진양생 — 증기, 급열 등
  - 유해한 작용으로부터 보호

고, 유해한 작용의 영향을 받지 않도록 하는 것이다. 콘크리트 양생의 구체적인 방법은 표 1 중에서 효과적인 방법을 택하면 되고, 필요한 일수는 각각의 해당 방법에 따라 구조물의 종류, 시공조건, 입지조건 및 환경조건 등 상황에 따라 정한다.

3.3 습윤양생

양생은 굳지않은 콘크리트에서 시멘트 입자 사이의 공극에 원래 물로 채워져 있던 공간을 시멘트 수화작용에 의한 수화생성물로 소요의 정도만큼 밀실하게 채워질 때까지 콘크리트를 포화상태(飽和狀態) 또는 포화에 가까운 상태로 유지하는 것이다. 즉 콘크리트는 타설 후 직사광선, 바람 등에 의하여 표면이 급격히 건조하면 수축응력이 생겨 균열이 발생하고, 내부수분까지 건조하여 시멘트의 수화반응이 충분하지 못하면 강도 및 내구성이 목표치보다 저하된다.

따라서 타설이 완료된 콘크리트는 수중, 담수, 살수(사진 1 참조), 젖은 잔골재, 양생포(사진 2 참조), 불투수성 시트(사진 3 참조), 막 양생재 등으로 수분이

출처- 다음 블로그, 박씨 아저씨의 공사판 이야기

사진 1 살수양생

출처- 다음 블로그, 시공건's 블로그

사진 2 양생포(부직포)양생

사진 3 버블시트 양생

증발하지 않도록 조치를 취해야 한다.

그러나 옛날에는 가마니를 잘라 덮어 주고 살수하거나, 양생매트인 부직포를 덮어주고 살수하는 방법을 많이 채택하였으나 최근에는 특히 아파트와 같은 초고층 건축물인 경우 공사기간 준수가 강조되고, 또한 물 사용 번잡성 등의 이유를 들면서 아무런 양생조치 없이 콘크리트 공사가 진행되는 것을 보면 그저 안타까울 따름이다.

이때 콘크리트 표준시방서에 규정되어 있는 습윤상태로 보호하는 기간은 표 2와 같다.

표 2 습윤양생기간의 표준

일평균기온	보통포틀랜드 시멘트	고로슬래그 시멘트, 플라이 애시 시멘트 B종	조강 포틀랜드 시멘트
15 ℃ 이상	5일	7일	3일
10 ℃ 이상	7일	9일	4일
5 ℃ 이상	9일	12일	5일

상기 표에서 특히 고로슬래그 미분말 30~60 %를 함유한 고로슬래그 시멘트 2종(시방서에는 일본규격인 B종을 지칭하고 있음 ; 시중에서 가장 많이

사용됨)이나 플라이 애시 20~30 %를 함유한 플라이애시 시멘트 2종(전과 동일)의 경우 온도에 따라 7~12일간 습윤양생하도록 규정하고 있는데, 최근 혼화재를 다량치환한 레미콘을 주로 활용하는 현실에서 반드시 유념하고 준수해야 할 중요한 사안이다.

3.4 온도제어 양생

콘크리트 양생시 시멘트의 수화반응은 온도에 의하여 현저하게 영향을 받는다. 즉 겨울철처럼 외기온이 낮은 경우는 초기동해 및 강도지연발현 등의 문제가 있으므로 급열, 단열보온 및 양자 병용 등 온도제어 양생을 어느 일정기간 이상 실시할 필요가 있다.

또한, 여름철처럼 외기온이 현저하게 높은 경우는 콘크리트의 냉각대책, 일사열 등에 의한 온도상승 방지대책, 수분증발 방지대책 등이 필요하다. 아울러 매스콘크리트, 고강도 매스콘크리트와 같이 온도상승이 커서 중심과 부재표면 간에 큰 온도차가 생길 것으로 예상되는 경우에는 프리쿨링, 파이프쿨링, 표면단열보온양생 등 온도차를 제어할 필요가 있다.

콘크리트 2차제품 생산의 경우에는 콘크리트 경화촉진을 위하여 증기양생, 급열양생, 전기양생, 오토클레이브 양생 등이 필요한데, 이들 방법은 콘크리트에 나쁜 영향을 주지 않도록 양생개시 시간, 온도상승 속도, 냉각 속도, 양생온도 및 양생시간을 적절하게 정해야 한다.

3.5 유해한 작용에 대한 보호

콘크리트는 양생기간 중에 예상되는 진동, 충격, 과대하중 등의 유해한 작용으로부터 균열 등 손상을 받지 않도록 보호해야 하는데, 이 부분은 제Ⅲ권 Ⅱ-10(유해한 작용에 대한 보호) 및 제Ⅲ권 Ⅱ-1(양생중인 콘크리트의 진동으로부터 보호)을 참조하도록 한다.

4. 콘크리트타설 표면의 양생순서와 시기

4.1 서 언

이전 단원에서는 콘크리트 양생의 정의 및 개요로서 습윤양생, 온도제어 양생, 유해한 작용에 대한 보호에 관하여 콘크리트 표준시방서 내용을 중심으로 기술하였다.

그런데 콘크리트 표면을 양생하기 위해서 타설 및 표면마무리 후에 적절한 순서와 시기가 있는데 본 단원에서는 이와 같은 내용을 중심으로 기술해 보도록 한다.

4.2 표면마무리와 양생

콘크리트 시공과정에서 콘크리트의 상태변화는 액체상태에서 소성상태를 거쳐 고체상태로 변화를 일으킨다. 제Ⅲ권 Ⅰ-7(응결시간의 의미)에서도 언급했지만 응결시간의 초결은 액체상태와 소성상태의 경계이고, 종결은 소성상태와 고체상태의 경계이므로 타설과 블리딩 및 표면마무리와 연관하여 양생개시 시기는 매우 중요한 사안이다.

즉, 콘크리트 타설은 초결 이전에서 이루어지는데 블리딩이 완료되지 않은 초결 이전상태에서 표면마무리를 하게 되면 계속되는 블리딩 및 침하현상으로 침하균열이 발생한다. 또한 이와 같은 경우 표면의 치밀한 마무리층 하부에 블리딩수가 갇히게 되면 그 층은 물시멘트비가 커져서 연약층이 될 수 있고, 또한 겨울철 동결융해작용이 반복되면 스케일링(Scaling) 동해(제Ⅰ권 Ⅱ-11 ; 콘크리트의 동해열화 현상)의 원인이 된다.

특히, 이 경우에 콘크리트를 양생한다고 서둘러 살수 등 표면양생을 실시하면 콘크리트 표면이 씻겨져서 표면강도 및 내구성 저하가 있고, 또한 부직포 등 표면피복재를 덮어주면 콘크리트와 부착되어 양생 완료시 떨어지지 않는 문제점도 발생한다.

따라서 콘크리트 타설 · 다짐 후 표면마감 시기는 초결시점이 지나 블리딩 완료 후 물건힘 시기를 보아 마무리 작업에 진입한다. 현장에서는 이 시기를 "물 때 맞춘다" 혹은 "물 때 잡는다"고 하여 매우 중요시 하는데, 이와 같은 시기는 마감기능공의 숙련도에 의존하는 경우가 많다. 즉 초결시점 이전은 강도발휘가 작아 너무 빠르고 종결시점 이전에서 블리딩수의 배출 혹은 증발을 기다렸다 마감을 수행하고, 그 이후 표면피복양생 혹은 살수양생을 실시한다. 이때 블리딩수가 종료되었는지 여부는 육안으로 식별할 수 있지만, 표면건조 속도가 블리딩 상승속도와 같거나 너무 급속한 경우는 오판할 수도 있으므로 이 경우 블리딩이 종료되었는지 확인하기 어려울 때에는 폴리에틸렌 필름을 어느 정도 크기로 잘라 증발을 막도록 덮어준 다음 블리딩 발생 여부를 확인하면 블리딩 종료시기를 확인할 수 있다.

특히 콘크리트 표면의 마감시기 문제는 제II권 II-17(콘크리트 시공에서 서두르면 안 되는 것)에서도 언급한 바와 같이 절대 바쁘다는 이유로 서두르면 낭패를 보므로 여유를 가지고 적기를 선택하는 것이 매우 중요하다.

참고로 이상적인 타설, 마감시간 및 양생시간의 관계는 그림 1과 같다.

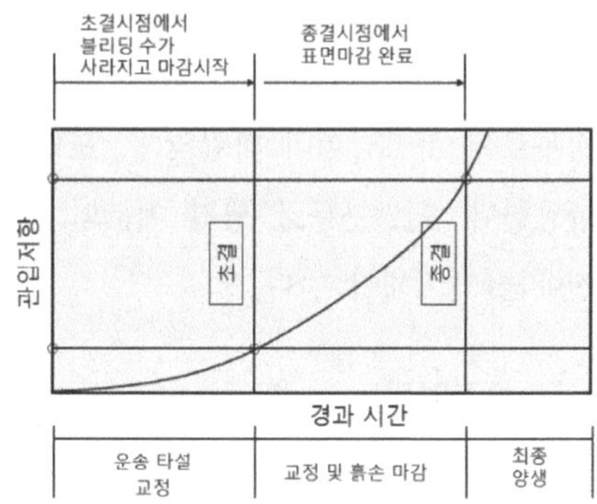

그림 1 이상적인 조건의 시공

경우에 따라 콘크리트의 표면마감작업을 종결이 완료된 이후에 실시하는 경우도 있는데, 이 경우는 물을 뿌려가면서 마감할 수밖에 없어 결국, 표면의 물시멘트비가 커져서 강도 및 내구성이 저하될 수 있으므로 부득이한 경우를 제외하고는 피하는 것이 좋다.

4.3 양생시기

콘크리트의 양생시기는 위에서도 언급하였지만 증발과 블리딩의 관계 및 콘크리트의 배합과도 밀접한 관계가 있다.

일례로 블리딩이 적거나 없는 콘크리트 배합에서 표면에 급격한 수분증발이 이루어지는 경우는 종결시점 이전에서 소성수축 균열이 발생할 수 있다. 즉 소성수축 균열은(제 I 권 II-6 참조) 높은 온도, 낮은 상대습도 및 빠른바람이 상존하는 경우 블리딩량보다 증발량이 많으면 종결시점 이전의 소성상태임에도 표면건조에 따른 수축응력이 크게 발생하여 균열이 발생하는 것을 말한다. 따라서 이러한 경우는 종결 이후의 최종양생보다 먼저, 즉 초결시간 이전은 초기양생, 종결시간 이전은 중간양생이 필요하다.

(1) 초기양생

콘크리트 타설 후 초결시간 이전에 실시하는 양생으로 실리카퓸, 미분말 시멘트 등을 사용하는 고유동·고성능 콘크리트이거나 건조환경이 극심한 경우로써 차양막이나 바람막이, 표면 시트덮기 혹은 물분무나 증발억제제를 사용한다. 단, 분무로 생긴 여분의 물이나 증발억제제는 최종표면 마감양생 전에는 제거해야 한다.

(2) 중간양생

타설된 콘크리트가 종결에 이르기 전 마감공정이 끝났을 경우에는 중간양생조치가 필요하다. 이러한 상황은 마감은 종료되었으나 응결이 지연되는 경우에 발생한다.

이때의 중간양생방법으로 물에 적신 방수포 등 양생재료를 사용하면 콘크리트 표면이 손상될 수 있다. 따라서 분무, 증발억제제 사용 같은 초기양생 조치를 최종양생조치가 취해질 때까지 계속하는 방법으로 중간양생 방법을 실시할 수도 있다. 또는 KS F 2540 규정에 적합한 도막방수제를 동력분무기로 콘크리트 표면을 밟지 않고 살포할 수도 있고, 피막양생재(양생 컴파운드)를 최종양생과 함께 사용할 수 있다.

(3) 최종양생

마감작업이 끝난 직후 종결시간 이후에는 최종양생으로 콘크리트 표면을 보호한다. 최종양생방법으로는 전 강좌에서 언급한 바와 같이 습윤양생을 실시하면 좋다. 특히 우리나라 실정에서는 여러 상태에 따라 살수양생이 어려운 경우가 많은데, 이와 같은 상황에서는 불투성시트에 의한 양생, 대표적으로 필자가 개발한 사진 1과 같은 버블시트를 이용하면 시공성 및 전용성도 우수하여 양호할 수 있다.

사진 1 버블시트 양생

5. 콘크리트 양생방법과 재료

5.1 서 언

콘크리트가 경화한 후 요구성능을 만족시키기 위해서 충분한 수분과 온도를 유지하는 양생을 실시하여야 한다. 본 단원에서는 「콘크리트 양생의 정의 및 개요」, 「콘크리트 타설 표면의 양생순서와 시기」의 전 단원에 이어 콘크리트 양생방법과 재료에 대하여 기술해 본다.

5.2 양생의 일반사항

콘크리트는 양생기간 동안 극단적인 기온(저온 혹은 고온), 급격한 온도변화, 강우나 지하수 출수 등 유수흐름에 의한 씻김, 급속한 건조 및 기계적 충격의 손상으로부터 보호하여야 한다. 따라서 양생은 주위 기후, 콘크리트 배합, 작업방법 및 사용되는 양생재료의 상황에 알맞게 양생법을 선택해야 하는데, 품질과 연관한 적정성과 경제성까지 고려하여 결정하면 된다.

구체적인 양생방법은 이전 단원(II-3)의 표 1(양생의 기본)을 참조하여 적합한 방법 및 재료를 선택하면 되는데, 다음에는 양생순서 측면에서 그 내용을 간략히 설명하도록 한다.

5.3 수중양생

수중양생은 콘크리트를 물속에 담그는 개념의 양생이다. 따라서 이때의 물은 오염되지 않은 깨끗한 물을 이용하면 좋다. 단, 콘크리트 경화체 중에서 수산화칼슘이 용해되어 강도 및 내구성 저하가 염려되는 경우에는 양생수에 생석회 혹은 시멘트 등을 풀어 pH12 정도로 유지한 후 양생토록 하면 된다. 양생수의 온도는 공시체의 경우 20±2 ℃로 규정되어 있기 때문에 그에 따르면 되겠지만 구조체를 수중양생하게 되는 경우에는 콘크리트 내부온도보다 10 ℃ 이상 낮지 않도록 주의한다.

5.4 초기양생

(1) 분무

초기양생은 콘크리트 타설부터 최종마무리 사이에서 이루어지는 것으로 먼저 분무는 콘크리트 표면건조를 방지할 목적으로 노즐을 통해 물안개 형태(가습기 참조)로 사용하게 된다. 따라서 분무는 콘크리트 표면에 직접 살포하면 안 되고 표면 직상부에서 이루어져야 하므로 공기의 흐름을 정지시키는 작업이 필요하다.

(2) 액상 증발억제제

콘크리트 초기양생 과정에서 증발억제제는 타설콘크리트 표면에 떠오른 블리딩수 위에 유기화합물계통의 단분자구조 막을 형성하는 재료이다. 이와 같은 증발억제제를 사용하면 블리딩수의 증발속도를 늦추므로써 소성수축균열의 위험을 낮출 수 있다. 상세한 사용시방은 제조자의 사용설명서에 따르도록 한다.

5.5 최종양생방법

(1) 습윤양생

1) 콘크리트 표면살수

콘크리트 표면 마무리가 완료된 후 종결시간 이후에 최종양생이 실시되는데, 습윤양생은 전 양생기간 동안 연속적으로 습윤상태를 유지하는 것이다. 이 중 콘크리트 표면살수는 다양한 방법이 있지만 주로 스프링클러를 사용하는 것이 가장 효과적인 방법이다.

2) 침수 혹은 담수

콘크리트 양생방법으로 가장 완벽한 방법은 물속에 콘크리트를 넣어 양생하는 침수방법 혹은 슬래브에 턱을 만들어 담수하는 방법이다. 그러나 이와 같은 양생방법은 양생 대상체를 수조에 담글 수 있는 크기 문제가 있고, 턱을 만들고 많은 양의 물을 사용하는 것은 경제적으로 부담이 된다.

3) 흡수성 재료(방수포, 면, 매트 등)

건설물의 수평이나 수직 표면에 물을 함유할 수 있는 흡수성 재료로 덮어준 다음 살수하는 방법으로 습윤상태를 유지하는 방법이다. 그러나 이 방법에서 색깔 있는 부직포 등을 이용할 경우라든가, 곰팡이, 부패, 변색 등 청결이 유지되지 않은 흡수성 재료를 이용할 경우는 콘크리트를 오염시킬 수 있으므로 주의가 필요하다.

4) 모래양생

최근의 경우 자주 쓰이는 방법은 아니지만 콘크리트 표면에 모래를 충분한 두께로 펴고 양생기간 동안에 살수하여 포화상태를 유지하는 방법이다.

(2) 수분 유지에 의한 양생

1) 불투수 시트

수분 유지에 의한 양생은 타설된 콘크리트에 포함된 수분 증발을 막아 콘크리트 내부수분으로부터 물의 추가공급 없이 양생을 실시하는 방법이다. 따라서 본 방법은 물을 공급하는 번잡함을 절감할 수 있고, 종결시간 이전이라도 표면마무리가 완성되면 양생이 가능하여 습윤양생보다 일찍 양생을 적용할 수 있다.

불투수성 시트는 대표적으로 버블시트를 예로 들 수 있는데, 투명, 흰색, 검은색 등이 있고 1중, 2중 등으로 나누기도 한다. 이 중 한중시공에는 2중의 투명 혹은 검정색의 것이, 봄부터 가을까지는 1중의 흰색이 효과적이다. 또한, 불투수성 시트는 두께 0.10 mm 이상으로서 KS M 3354(폴리테트라플루오로에틸렌 처리 피막)에 요구성능이 규정되어 있으므로 이 규정을 만족시키도록 한다.

시트 사용시에는 콘크리트 표면에 밀착될 수 있도록 각재, 철근, 모래마대 등으로 고정하고, 시트재 간에는 15 cm 이상 겹치도록 한다. 특히 불투수성 시트를 반복 사용할 경우에는 찢김이 생기지 않도록 주의하고 또한, 오염물이 부착된 경우에는 깨끗이 청소하여 사용토록 한다.

2) 보강종이 시트

보강종이 시트는 많이 이용하지 않지만 크라프트지(Kraft paper)를 역청질 접착제로 접착시키고, 섬유로 보강한 것으로 KS M 3354에 품질이 규정되어 있다. 한 면의 백색종이 시트는 햇볕을 반사하고, 반대면은 콘크리트 표면의 수분을 유지토록 하는데, 재사용도 가능하다.

3) 피막양생제

피막양생제는 굳지않은 콘크리트의 표면양생에 혹은 거푸집 제거 후 콘크리트 표면양생에 사용되는데, KS F 2540(콘크리트 양생용 액상 피막 형성제)의 규정에 적합한 것이어야만 한다. 피막양생제에는 1형 : 투명 또는 반투명, 2형 : 백색 안료 사용, 3형 : 담회색 안료 사용, 4형 : 흑색의 4가지 형이 있다.

피막양생제 시공은 블리딩이 소멸된 시기를 잘 관찰하고 적기를 택하여 도포하는 것이 중요하다. 피막양생제의 도포는 노즐압력이 0.2~0.7 MPa인 자동살포기로 5 m^2/l 로 2회 서로 직각되게 균등히 살포하도록 함으로써 양생기간 중에 피막이 찢겨지지 않도록 관리한다.

피막양생제 도포는 또다른 콘크리트가 부착되는 면, 매끄러운 마감을 받는 면에는 사용할 수 없으나 단, 역청질 지붕방수 바탕면, 도색 바탕면의 경우는 KS F 2540의 요구사항을 만족시키는 염화고무 양생제 등에 한하여 사용할 수 있다.

(대상이앤씨)

그림 1 피막양생제 시공모습

6. 양생용 버블시트의 개발

6.1 서 언

요즘 라디오 광고에서 "꼭꼭 숨어라 머리카락 보일라"~ 이것은 놀이가 아닌 경우가 있다고 하면서 말미에 "당신은 지금 훈육을 하고 있습니까? 혹은 학대를 하고 있습니까?"라고 하는 아동 양육문제를 계도하는 공익광고를 들은 바 있다. 비슷한 의미에서 요즘 레미콘 타설 후 우리나라에서는 과연 양육의 개념에서 제대로 된 양생을 하고 있는지 혹은 그대로 방치하는 학대를 하고 있는지 알 수 없는 경우도 많다.

그러므로 이번 단원에서는 우리나라 콘크리트의 양생문제에서 매우 중요하게 취급될 수 있는 수분 유지에 의한 양생 중 불투수성 시트로서 본인이 고안한 콘크리트 양생용 버블시트 개발 배경 및 그 내용에 대하여 기술하고 이후 몇 회에 걸쳐 효율성 등에 대하여도 소개하고자 한다.

6.2 개발 배경

1989년 2월 충남대학교 대학원에서 박사학위를 수여받은 필자는 1992년 한국과학재단의 Post-Doc. 프로그램으로 김무한 지도교수님의 추천을 받아 일본 북해도대학 건축공학과 鎌田英治(가마다 에이지) 교수 연구실에 1년간 해외연수를 하게 되었다. 가마다 교수 연구실은 그 이전 洪悅郞(고요시로 : 임진왜란 때 도공으로 일본에 끌려간 한국계 후손) 교수 때부터 콘크리트의 동해, 한중 콘크리트 시공과 관련하여 그때 기준으로 40~50여년 간의 역사를 가지고 많은 연구자료가 축적되어 있는 세계 최고수준의 연구실이었다.

사진 1 가마다 교수 가족과 스키여행(우측 두 번째 가마다 교수)

당시 가마다 교수 연구실에는 권영진(현 호서대 교수) 씨가 박사과정중 이었으므로 나를 포함 두 명의 한국인이 있었는데, 같은 분야를 함께 연구하는 것은 비효율적이므로 권영진 씨는 동해 관련 콘크리트 내구성을, 본인은 한중시공에 대하여 연구할 것을 주문받았다. 한국인 두 사람은 가마다 교수의 의견에 따라 성실히 선진연구를 받아들였고, 본인은 이듬해에 Post-Doc. 연수를 마치고 한국 청주대학교로 복귀하였다. 이때가 본인이 한중콘크리트 시공과 인연을 맺게 된 계기이며, 이후 한국에 귀국하여 일본과 다른 한국적 한중시공을 실시하기 위해 다양한 연구를 착수하게 되었다.

6.3 연구진행 및 개발상황

한국에 귀국하고 나서 첫 번째로 진행한 연구는 일본에서 막 연구를 진행했던 내한촉진제에 관한 것이었다. 즉 내한촉진제는 동결온도를 낮추고 응결시간을 빨리하여 초기동해를 방지하기 위한 것으로 염화칼슘이 무엇보다 효과가 좋긴 하지만, 염해피해 문제로 사용할 수 없음에 아질산칼슘을 폐부동액에 녹여 환경친화적인 내한제로 특허도 취득하고, 현장적용도 검토하였다. 그러나 비경제적인 면 및 폐부동액의 폐기물처리 문제로 실용화에는 어려움이 제기되었다.

그러나 일본 북해도의 삿보로 날씨와 우리나라 남한의 날씨를 비교할 때 그렇게 저온도 아니고, 또한 눈도 많이 오지 않아 일본식의 양생상옥(上屋 : 우와야)을 설치한 후 그 내부에서 열풍기 등으로 가열하며 내부에서 몇 개 층을 공사하는 방식은 돈이 너무 많이 들어 채택하기 곤란한 상황이었다. 따라서 실무현장에서는 건물 주위로 비계를 매고 적당히 천막을 친 다음 장작, 갈탄 등을 태워 가열하는 식으로 어설픈 공간가열 양생방법으로 많은 현장의 경우 품질에 의구심이 제기되었다.(사진 3 참조)

따라서 한국식 한중시공으로 에너지를 최소화할 수 있는 단열보온양생을 생각하게 되었다. 먼저 벽체 부분에 대한 검토부터 시작하였다. 여러 아이디어를 내어 다양한 방법을 시도하였는데, 결론적으로는 합판거푸집널에 압착 스티로폼을 중간에 끼우고 표면은 매끄러운 합성수지판을 조합하는 것이었는데, 추가적인 실험에서 밝혀졌지만 200 mm 이상의 벽 두께이면 합판거푸집만으로도 내부수화열이 있음에 영하 10 ℃까지 기온이 내려간다 해도 얼지 않는다는 사실이었다.

그렇다면 콘크리트 거푸집으로 하부 및 측면은 문제가 없고, 외기에 노출되는 상부면을 어떻게 단열처리하는가가 관건이었다. 따라서 연구실에서는 아이디어를 내며 표면 양생재를 검토하기 시작했다. 천막지는 양생기능은 있지만 단열효과가 별로 없었고, 부직포는 좋기는 한데 물을 먹어 얼면 무겁고 처치곤란이며, 스펀지도 좋기는 하지만 역시 물을 먹고 어는 문제가 있었고, 톱밥, 왕겨, 볏집 등도 있으나 현대적이지 못하며, 스티로폼은 단열성능은 좋으나 콘크리트와의 순응성, 바람에 날림 등의 문제가 있었다. 따라서 비닐과 부직포의 조합, 천막지 속에 스펀지 삽입 등 무수한 시도를 하였으나 최적안은 아니었다.

따라서 필자의 머릿속은 늘 묵직하니 고민스러웠다. 그런데 마침 설명절을 앞두고 휴일이라 집에서 쉬고 있는데, 문밖에서 택배요~. 소리가 들려왔다. 택배를 받고보니 박사학위를 받은 제자가 와인 한 병을 보내왔다. 그런데 와인박스를 뜯는 순간 와인병을 감싸고 있는 에어캡(일명 뽁뽁이)을 발견하였다. 수없이 보아온 것으로 예전에는 별다른 생각이 없었지만, 이리저리 만지작거리다 순간 번뜩이는 아이디어가 머리를 스쳤다.

일초라도 머뭇거릴 상황이 아니라고 생각되어 에어캡을 들고 연구실로 급히 차를 몰았다. 연구생을 모아 에어캡 두 겹을 겹쳐 덮는 아이디어를 설명하고 즉시 실험에 들어갔다. 영하 10 ℃까지 내려가는 냉동실 안 거푸집 속 콘크리트에 열전대 온도계를 설치하고 이중으로 겹쳐서 에어캡을 덮었다. 다음날 온도기록계를 확인한 결과 얼지 않았고 콘크리트는 건전하였음에 성공을 예감하게 되었다.

6.4 실무적용 및 보급

그 후 실험실에서는 몇 번의 실험으로 효율성은 입증되었지만 이제는 실용화가 관건이었다. 마침 우리 대학교에서는 ㅇㅇ단과대학 건설공사가 국내 굴지의 대기업에 의해 한중에 진행되었는데, 본인의 아이디어를 당 현장에 적용해 볼 것을 건의하였다. 처음에는 별로 탐탁하지 않게 생각하였으나 필자의 막무가내식 요구에 마지못해 기초 버림 콘크리트 부분에 일부를 다른 재료와 함께 허허실수격으로 적용하였다.

그런데 다음날 다른 부분은 모두 얼었어도 내가 제안한 부분만큼은 얼지 않았다. 따라서 의구심 많던 대기업 현장소장은 그 효과를 확인함으로써 호감을 갖고 본 개발품을 실무에 적용해보도록 하였다. 따라서 상품포장용으로 판매하는 에어캡을 구입하여 스테이플러(호치키스)로 집어 붙이고 연결하여 한층 전부를 실무 적용하였다. 결과는 성공이었지만 재활용이 문제였다.

그래서 이번에는 에어캡을 만드는 공장을 찾았다. 충주에 있는 광폭의 에어캡 제조설비공장에서 재질을 두껍게 바꾸고, 공장에서 열로 2중으로 겹쳐서 새롭게 제작하였다. 따라서 이의 명칭을 "이중버블시트"라 칭하고 점차 보급을 확대하기 시작하였는데, 현재에 이르러서는 전국적으로 1년에 200개 이상 현장에서 사용하는 한국식 양생용 버블시트를 완성할 수 있었다.

사진 2 일본 양생방법

사진 3 한국 양생방법

7. 동절기용 2중 버블시트의 활용

7.1 서 언

전 단원에서는 한중콘크리트에서 2중 버블시트를 개발하게 된 배경, 개발 상황 및 실무 보급에 대하여 소개하였다. 이 단원에서는 전 단원의 연속으로 2중 버블시트의 단열원리 및 실무 적용 사례 및 우수성에 대하여 소개해 보도록 한다.

7.2 2중 버블시트의 단열원리

콘크리트는 시멘트의 수화반응 과정에서 열을 발생시키며 굳어지는 수경성 재료이다. 따라서 추운 겨울철 외부의 찬 기온을 효과적인 단열재로 막아 줄 수만 있다면 내부에서 발생하는 열로 콘크리트가 초기에 얼어서 발생하는 초기동해 피해를 막을 수 있고, 또한 강도 증진도 양호하게 발휘할 수 있다.

열과 관련한 전달문제는 전도, 대류, 복사의 관점에서 고려할 수 있다. 먼저 전도문제는 공기층을 기본으로 하는 단열재로 막을 수 있고, 대류는 공기의 흐름을 막는 기밀재(비닐 같은 재료)로 막을 수 있으며, 복사는 은박지와 같은 재료로 반사를 일으킴으로써 차단할 수 있다.

그렇다면 겨울철에 타설한 콘크리트의 경우는 그림 1과 같이 수화반응에서 발생하는 수화열을 다중의 공기층으로 전도를 막고, 다중의 비닐막 소재로 대류를 막을 수 있다. 단, 복사에 의한 열손실을 막기 위해 알루미늄 증착층(소위 은박층)을 고려할 수도 있지만, 이는 작업자들을 눈부시게 하는

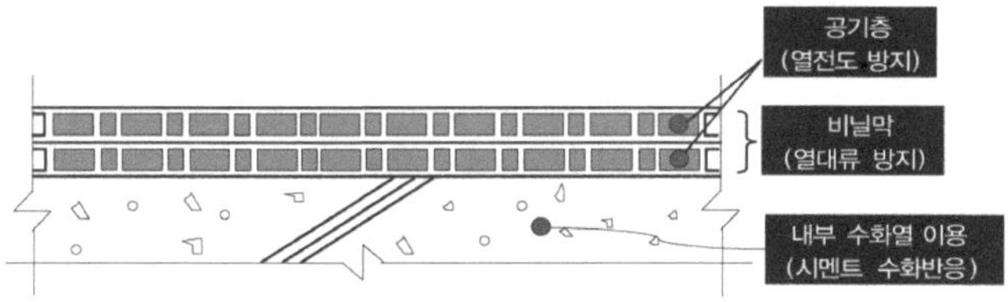

그림 1 단열양생공법의 개념도

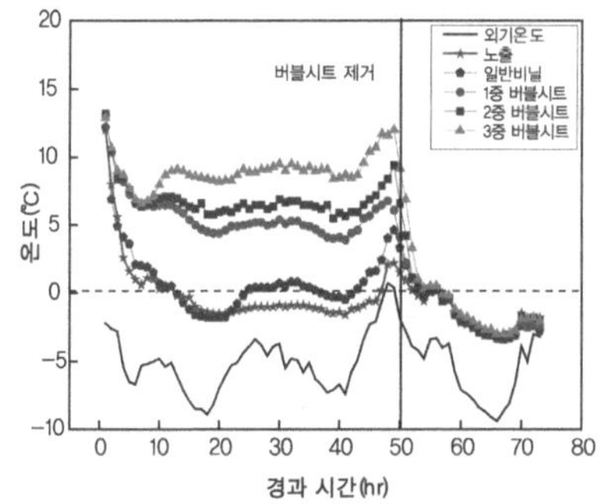

그림 2 각 버블시트별 온도이력특성

문제와 햇볕이 있는 일과 중에는 태양광 복사열을 받을 수 없는 점 및 제조 원가의 저렴화도 고려하여 투명으로 제조하고 있다.

버블시트의 경우 공기층을 몇 중으로 할 것인가도 중요한 사항이다.

그림 2는 −10 ℃부터 0 ℃까지 오르내리는 겨울철 외기온에서 콘크리트 타설 후 노출, 일반 비닐, 1중~3중 버블시트를 포설하고 온도이력을 측정한 데이터이다. 그림에서 보는 바와 같이 노출과 비닐보양은 10시간 정도 경과한 시점에서 영하로 저하하는 모습을 볼 수 있다. 그러나 1~3중 버블시트는 타설 후 2일 간까지 영상을 유지하며 얼지 않는 것을 볼 수 있는데, 1, 2, 3중으로 중첩도가 증가할수록 효과는 우수해진다. 그러나 1중은 불안한 감이 있고, 3중 이상은 가격이 증가하는데 비하여 그만큼 효과가 크지 않아 결국 2중 버블시트이면 효과적일 것으로 판단되었다.

7.3 실무 적용 사례 및 우수성

한중콘크리트용 2중 버블시트를 최초로 개발한 이후 현재까지 국내·외 각종 건설현장에서 수백여 건을 적용하여 우수한 효과를 입증한 사례는 무수히 많지만, 그중 대표로 오산 롯데 물류센터 현장을 꼽을 수 있다.

2006년 겨울 그림 3과 같은 넓은 면적의 물류센터 바닥을 콘크리트로 타설할 수밖에 없었다. 때마침 레미콘 공급사를 선정하고 있을 무렵이어서 아세아시멘트㈜ 기술연구소 황인성 박사의 재치가 발동하여 버블시트가 소개되었고, 이를 적극 검토한 롯데건설 측에서 실구조체 양생에 적용하게 되었다. 이때의 시공모습은 그림 4, 온도측정 결과는 그림 5와 같았다. 즉 외기온이 −10 ℃까지 하강하는 기온임에도 불구하고 하부, 중앙부, 상부 및 표면부의 온도는 30 ℃ 전후로 발현되어 우수한 양생 결과를 나타내었다.

결국 공사 완료 후의 분석은 표 1과 같았다. 즉 품질관리, 공정관리, 현장관리 측면에서도 우수하였지만 원가관리 측면에서 가열보온양생을 실시하였다면 5억 3천만 원, 방동제를 사용하였다면 4억 1천만 원이 소요되겠지만 2중 버블시트를 사용함에 따라 1천 4백만 원에 공사를 완료할 수 있어 결국 97 % 전후의 막대한 공사비를 절감할 수 있었다.

공사가 완료된 다음 후문이지만 버블시트를 소개한 황인성 박사는 고맙다

그림 3 오산 롯데물류센터

그림 4 시공 모습

는 의미로 시공자측으로부터 식사를 대접받은 바 있고, 공사를 책임맡은 현장소장은 성공 사례를 계열사 전 현장에 소개하여 기술을 보급함으로써 그룹전체의 원가절감에 기여한 바 있었는데, 그 공로로 현장소장은 승진까지 했다는 후문을 전해 들은 바 있다.

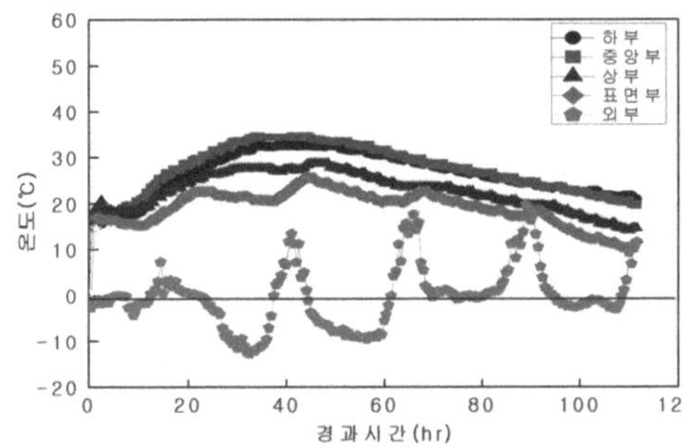

그림 5 양생기간 중 온도이력

표 1 양생방법간 비교

공법	2중 버블시트	방동제	가열보온양생(가시설)
품질관리	• 안정된 양생온도 관리 • 초기 동해 방지 • 표면 건조수축균열방지 • 신구 접착성 우수	• 동해방지, 표면 보온양생 필요 • 신구 접착성 검증 필요 • 외기노출시 표면 균열발생 우려 • 현장 시험배합기간 필요	• 동해방지 • 불규칙한 양생온도로 품질저하 • 표면건조 수축균열 발생 • 탄화가스에 의한 품질저하
공정관리	• 장 SPAN 동시 타설 가능 • 공기단축 탁월, 시공 JOINT 축소	• 공기단축 가능 • 장 SPAN 동시타설	• 공사기간 소요, 가시설 설치, 해체기간 소요 • SPAN별 분리타설, 시공 JOINT 큼
원가관리	• 380원/m^2당 (4회 전용시) (당현장 : 1천 4백만 원)	• 11,000원/m^3당 (재료비 : 4억 1천만 원)	• 14,000원/m^2당 (연료비 포함) (총 소요액 : 5억 3천만 원)
현장관리	• 시공성 우수 • 정리정돈 용이, 재활용 가능	• 시공성 우수 • 표면 보온 양생포 처리	• 시공성 난이 • 천막 폐기물 반출 필요

8. 하절기용 백색 1중 버블시트의 활용

8.1 서 언

타설된 콘크리트의 다양한 양생방법 중 우리나라 실정에 가장 적합한 것으로 사료되는 표면피복 양생법 중 버블시트에 대하여 개발과정 및 효과 등에 대하여 기술해오고 있다.

따라서 전 단원에서는 동절기용 2중 버블시트의 활용에 대하여 기술하였는데, 이 단원에서는 하절기용으로 개발된 백색 1중 버블시트의 활용에 대하여 기술하도록 한다.

8.2 우리나라의 기후특색과 콘크리트

전세계 어느 나라든지 그 위치별로 독특한 기후 특색을 갖는다. 우리나라의 경우는 유라시아대륙 동안의 북위 중위도 지역에 위치하여 대륙의 영향을 직접 받아 같은 위도의 다른 나라에 비하여 평균기온은 낮고 연교차가 매우 큰 대륙성 기후의 특색을 나타낸다. 즉 11월부터 3월까지 5개월 간은 춥고 건조한 겨울과 6월부터 9월까지 4개월 간은 무덥고 습한 여름철이 차지하고, 살기 좋은 4~5월의 봄과 10월의 가을은 짧은 기간을 나타내는 특징을 갖는데, 특히 봄 · 가을철에는 건조한 환경이 특징적이다.

따라서 우리나라 기후의 특색이 콘크리트에 미치는 영향으로 겨울철에는 초기동해를 고려해야 하고, 여름철에는 지나친 고온에 의한 콘크리트의 온도상승, 봄가을에는 건조수축의 영향을 고려해야 한다. 따라서 11월부터 4월까지 6개월간은 전 단원에서 기술한 투명 이중버블 시트로 콘크리트 표면을 보호하여 초기동해를 막고 건조수축을 방지해야 할 필요가 있으며 5월부터 10월까지 6개월 간은 이번 단원에서 기술하는 1중 백색 버블시트로 콘크리트의 지나친 온도상승을 막고 역시 건조수축을 보호해야 할 필요가 제기된다.

8.3 서중환경에서의 온도상승 억제

전술한 바와 같이 버블시트의 종류로는 1중, 2중, 3중, 4중의 중첩도에 의한 구분과 투명, 백색, 흑색, 은색 등 표면색상에 의한 구분, 일반용과 메시타포린보강 등 보강 여부에 따른 구분이 있다. 이 중 동절기에는 2중 투명 버블시트를 권장하였고, 하절기용은 1중 백색 버블시트를 권장하며, 특별한 경우에는 블루시트(천막지) 대용으로는 1중, 2중의 투명 버블시트에 메시타포린이 보강된 것을 추천하고 있다.

따라서 본 단원에서는 여름철 백색 1중 버블시트의 활용으로 실제 Apt 건설현장에 적용한 사례를 소개하고자 한다.

적용 현장은 충남 천안에 위치한 H건설의 Apt 2층의 시공으로 2016년 8월 10일에 25-24-150 레미콘을 타설하였다. 표면양생재로는 1중 백색 버블시트, 1중 은색 버블시트, 1중 투명 버블시트, PE필름 및 노출상태의 5조건에 대하여 콘크리트의 온도 및 균열 양상을 비교하였다. 온도특성은 1중 은색(알루미늄 증착층 삽입) 버블시트와 노출인 조건에서 제일 낮게 나타났고 다음은 백색 버블, PE필름, 투명 버블의 순이었다. 즉 은색 버블시트는 온도상승 억제 효과는 좋은 대신 기능공들의 눈부심과 관련한 시각 공해가 문제시 되었고, 노출의 경우는 균열문제를 피할 수 없었음에 백색 버블시트가 무난한 방법으로 판단되었다. 참고로 이때에 기록된 백색 버블시트와 PE필름의 온도이력은 그림 1과 같다.

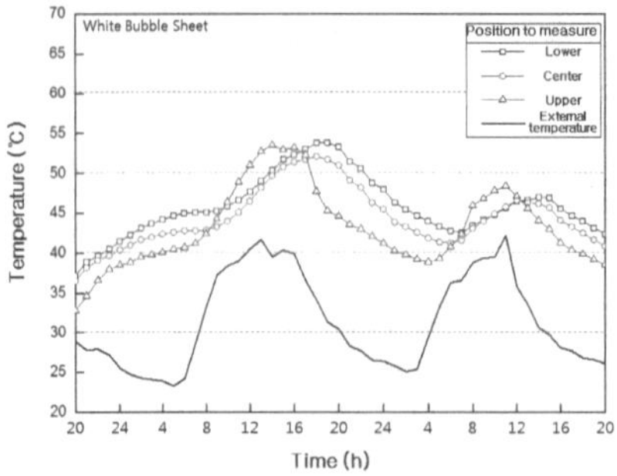

(a) 콘크리트 온도이력(백색 버블시트)

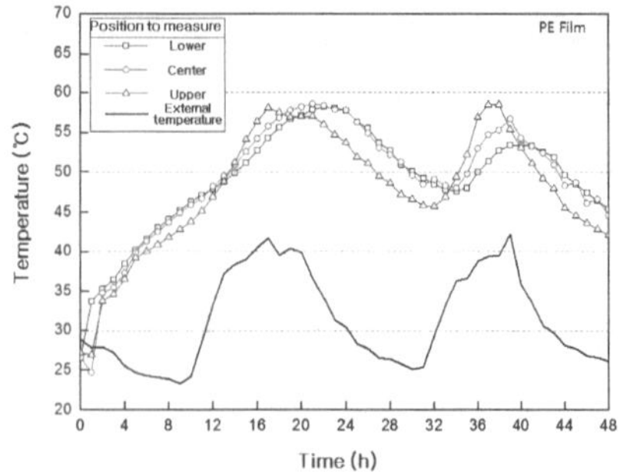

(b) 콘크리트 온도이력(PE필름)

그림 1 양생재별 콘크리트의 온도이력

8.4 가을철 환경에서의 균열 억제

서중환경에서 적용한 1중 백색 버블시트와 PE필름을 이번에는 세종시 S건설 아파트 23층 바닥슬래브에 2015년 10월 13일에 타설하였다(사진 1~4 참조). 온도이력의 경우는 표면양생재 간에 거의 차이가 없었으나 그림 2와 같이 버블시트 적용 구간에는 침하균열(시공마감시간의 문제) 정도가 존재하는 반면 PE필름 적용 구간에는 롤상태로 철근을 타고 넘으며 피복양생을 실시함으로써 노출공간이 존재함에 따라 다수의 건조수축균열이 발생하였다.

참고로 경제성 분석면으로도 백색 버블시트의 경우는 바닥평면에 맞춰 공장에서 몇 개의 조각으로 제작하여 10개층 이상의 재활용이 가능한만큼 초

사진 1 1중 백색 버블시트 피복

사진 2 폴리에틸렌 필름 피복

기비용은 비쌀지라도 재료비는 저렴하고, 균열보수비도 포함한 전체 공사비는 표 1과 같이 PE필름보다 25 % 이상 저렴하게 되었다.

사진 3 1중 백색 버블시트 양생

사진 4 폴리에틸렌 필름 양생

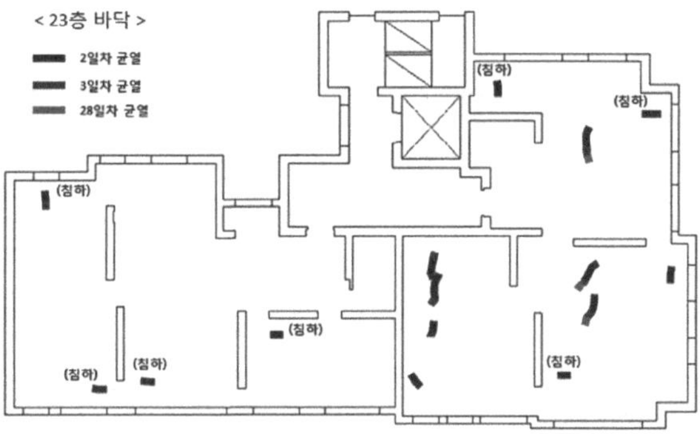

그림 2 슬래브 균열 모습

표 1 표면 양생방법별 경제성 분석 (118 m^2)

시공 횟수 (누계)	재료비[1]		인건비		폐기물 처리비		균열보수비	
	버블 시트	PE 필름	버블 시트	PE 필름	버블시트 (0.472m^3)	PE 필름 (0.012m^3)	버블시트 (0.760m)	PE 필름 (15.030m)
전용횟수 및 가격	1회 2,000원/m^2	1회 310원/m^2	358/m^2 (포설, 정리)		44,273/m^3-폐기물		1,315원/m	
1회	236,000	36,580	42,244	42,244	20,897	531	333	6,588
5회	236,000	182,900	211,220	211,220	20,897	2,625	1,665	32,940
10회	236,000	365,800	422,440	422,440	20,897	5,310	3,330	65,880

* 버블시트 10회 사용시 5 % 손실률 적용
1) 재료비는 ㈜중원G.L.B의 라미론 카탈로그 단가 참조
2) 인건비, 균열보수비는 건설공사 표준품셈 및 대한건설협회 노무비 참조(2015. 09)
3) 폐기물 처리비는 한국건설자원협회 단가 참조(2015. 01)

9. 레미콘 호칭강도의 정확한 이해

9.1 서 언

세월호 침몰 사건 이후 국내에서는 모든 것을 바로 세워야만 한다는 목소리가 높다. 레미콘산업과 연관하여도 가장 중요하게 우선적으로 바로 세워야 할 문제는 호칭강도라고 필자는 생각되어, 제 I 권 II-3(설계기준강도, 호칭강도, 배합강도) 및 제IV권 IV-6(콘크리트 코어압축강도의 유권해석)에서도 기술하여 설명한 바 있지만, 또 한 번 설계자 및 시공자의 잘못을 레미콘 생산자에게 책임을 전가하는 어처구니 없는 피해를 방지함으로써 궁극적으로는 우리나라 콘크리트 구조물의 품질 향상에 원천적으로 기여하도록 하기 위하여 본고를 기술한다.

9.2 호칭강도의 의미

호칭강도란 KS F 4009(레디믹스트 콘크리트)에서 '레미콘의 종류' 중 압축강도를 지칭할 때 쓰는 말로서 설계기준강도와는 분명하게 차이가 있다. 즉 KS F 4009의 '레미콘의 종류' 표에서 표준품에 해당하는 것인데, 호칭강도란 공산품의 의미로서 아직 만들어지지는 않았더라도 가상의 제품을 골라(표준품) 주문하는 것과 같은 개념의 강도인 것이다. 일례로 양복을 구입해서 입는 것에 비유하면 기성복과 같은 것인데, 즉 기성복은 목둘레, 팔길이, 어깨넓이 등의 표준적인 사이즈로 제작된 옷 중에서 내 몸에 맞는 것을 골라 입는 것으로 봄, 여름, 가을, 겨울 구별 없이 언제나 일정하게 공산품으로 생산된다. 레미콘도 이와 동일한 개념으로 콘크리트의 종류, 굵은골재

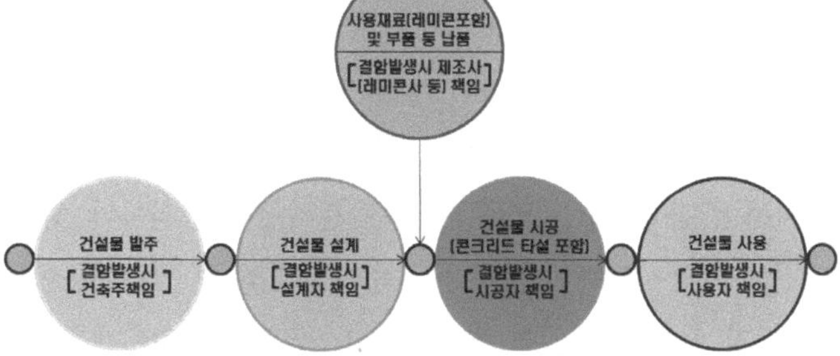

그림 1 각 단계별 책임한계

최대치수, 슬럼프치 등과 함께 호칭강도를 표준품 종류 중에서 당해 현장에 적합한 것을 골라 주문하는 것으로 역시 봄, 여름, 가을, 겨울 구별 없이 언제나 일정하게 생산된다. 그렇기 때문에 배합도 4계절에 따라 변함이 없고, 단가 또한 차이가 없는데, 이렇게 되다보니 당연히 품질검사는 표준양생(20±2 ℃ 수중에서 28일간 양생)한 다음 압축강도를 시험하여 KS F 4009의 품질평가 방법에 따라 합격 · 불합격으로 판정된다. 그러나 문제는 레미콘의 경우는 양복과 달리 반제품으로 납품되는 것이지만 완성된 구조체로서는 설계의 잘못과 시공의 잘못 및 사용자의 유지관리 잘못도 있을 수 있는데, 그 책임한계는 그림 1과 같이 구별해 볼 수 있다.

정확히 기술하여 레미콘의 책임은 레미콘 차량에 실려 현장에 도착한 다음 배출하는 지점에서 주문한 콘크리트의 종류, 굵은골재 최대치수, 슬럼프 외에 염화물량, 공기량, 온도, 단위용적질량, 단위수량 등 품질을 평가받고, 압축강도의 경우는 공시체를 제작하여 28일간 표준양생한 다음 롯드단위로 합격 및 불합격을 평가받는다.

또 다른 각도에서 설명하면 잘못 설계되거나, 잘못 주문된 경우 등 (설계자 책임)이거나, 시공과정에 가수, 충분히 다져주지 않은 경우, 겨울철 한중 시공요령을 준수하지 않음으로써 콘크리트가 초기동해를 입은 경우, 충분히 양생되지 않아 설계기준강도가 발휘되지 못하는 경우 및 이와 같이 강도가 발휘되지 않은 콘크리트가 눈·비속에서 동결융해작용을 일으키는 경우 등 (시공자 책임)은 레미콘사의 책임이 될 수 없다.

더 한번 강조하면 레미콘의 품질은 납품시 콘크리트의 종류, 슬럼프 등을 철저히 검사하여 불합격되는 경우는 절대 받아들이지 말아야 하고, 압축강도는 수입검사시 공시체를 제작하여 표준양생한 다음 합격·불합격을 논해야 하는 것이지 아무 검사없이 받아들이고, 구조체를 코어채취하여 압축강도시험한 다음 불합격된 경우 레미콘사에 책임을 추궁하는 것은 잘못된 호칭강도의 적용이다.

또 다른 예를 들어 체격이 큰사람이 작은 사이즈의 양복을 무리하게 입다가 양복이 찢어진 경우라면 양복을 입은 사람의 책임이지 양복을 만든 사람의 책임이 될 수 없다는 의미와 같은 경우이다.

단, 설계기준강도란 호칭강도와 달리 구조체의 강도를 말하는데, 겨울철 온도가 낮아 설계기준강도를 그대로 호칭강도로 레미콘을 주문하는 경우가 우리나라 건설공사현장에서는 대부분인데, 온도에 의해 강도가 저하되는 강도저하(기온보정강도 : T)가 발생하므로 국내의 겨울철 거의 모든 공사는 부실공사가 되므로 반드시 호칭강도는 설계기준강도에 T만큼을 더해서 주문해야 한다. 따라서 건설물 설계자는 이와 같은 사항을 명심하고 하루속히 시정해야 할 사항인데, 이와 같은 이유로 콘크리트 구조물에서 결함이 생긴 경우는 설계자의 책임임을 명심해야 한다.

9.3 문제제기의 일례 및 대책

호칭강도가 잘못 이해되어 가장 심각하게 문제시되는 경우는 기상작용으로부터 가장 불리한 도로, 주차장, 옥외작업장, 지붕층 슬래브 등에서, 특히 겨울이 춥고 눈이 많이 오는 중북부지방일수록 문제시된다. 또한, 콘크리트 타설 시기적으로는 외기온의 평균이 표준양생온도보다 낮은 그것도 봄철보다는 늦은 가을부터 겨울에 타설되는 콘크리트인 경우에 더욱 문제시된다. 이 경우 대부분의 구조체는 설계기준강도보다 강도가 부족하게 발휘되고, 겨울을 지나고 나면 콘크리트 표면이 벗겨져서 차량통행이나 청소를 위해 빗질할 경우 먼지까지 나는 등 심각한 문제가 발생하게 되는데, 설계자 및 시공자의 잘못이 애매하게 레미콘이 불량품인 것으로 오인받아 곤욕을 치르는 경우가 너무나 많아 안타까울 따름이다.

위와 같은 경우 우선 설계자는 반드시 설계기준강도에 기온보정강도(T)를 더하여 호칭강도로 발주해야 하는데, 물론 포장콘크리트는 휨강도로 4.0, 4.5 중에서 규정을 따라 W/C 45 % 이하 등(습한상태에서 동결융해 또는 제빙화학제에 노출된 콘크리트)으로 설계해야 한다. 시공자는 초기동해를 방지할 수 있는 시공방법을 채택하여 원칙에 따라 공사하고, 설계기준강도가 발휘될 때까지는 동결융해작용에 따른 스케일링 동해가 발생하지 않도록 양생조치를 강구해야만 표면이 벗겨지고 먼지가 나는 피해를 방지할 수 있다.

9.4 결언

이번 단원에서는 세월호 침몰 사건 이후 레미콘산업에서 가장 중요하게 문제시되는 호칭강도의 정확한 이해 문제를 취급하였다. 부디 이번 단원을 계기로 우리나라 건설공사에서 겨울철 건설구조체가 설계기준강도를 발휘하지 못하는 상황이 매번 반복되지 않도록 기온보정강도(T)가 더해진 호칭강도로 레미콘을 설계 및 주문하기를 기대한다. 또한 기상조건에 열악한 도로, 주차장 등 겨울을 지나고 나면 표면이 벗겨지는 무수히 많은 스케일링 동해 등 품질결함이 설계 및 시공과정의 잘못으로 되풀이되지 않기를 이번 기회를 통해 간곡히 기원해 본다.

10. 별것도 아닌것을

10.1 서 언

우리가 세상을 살다보면 쉽게 알 수 있는 것인데에도 지레 겁을 먹는다든지 당황하게 되면 옳게 판단하지 못하는 경우가 있다. '머릿속이 하얗다'는 것이 그런 것인데, 이번 단원에서는 건설물의 콘크리트 균열을 진단하는 과정에서 어느 시기에 균열이 발생하였는가에 관한 것으로 책임소재를 가릴 때 일어났던 별것도 아닌 것에 대하여 그 사례를 들어 설명해보고자 한다.

10.2 사건의 전개

2017년도 일본건축학회 학술발표대회가 일본의 남쪽인 히로시마에서 열리게 되어 대학원생들과 함께 다녀온 적이 있다. 마침 호텔 앞에는 공사현장이 있었고, 그 옆에는 담장이 있었는데 담장에 사진 1, 2, 3과 같이 균열이 발생한 것을 발견하였다. 시간의 여유도 있고하여 대학원생들에게 질문을 하나 던졌다. "저 담장의 균열이 왜 갔을까?" 옆의 공사현장의 영향으로 균열이 발생한 것인지 아니면 본래부터 균열이 있었던 것인지 하는 것이었다. 대학원생들은 내가 묻는 질문을 너무 고차원적으로 생각했는지 한참을 고민하다가는 잘 모르겠다고 대답하였다.

비슷한 상황으로 진단에 자문위원으로 참여했던 기억이 나서 그 이야기를 들려주며 당시의 상황을 설명하였다.

사진 1　현장 전경

사진 2　담장 부분의 균열

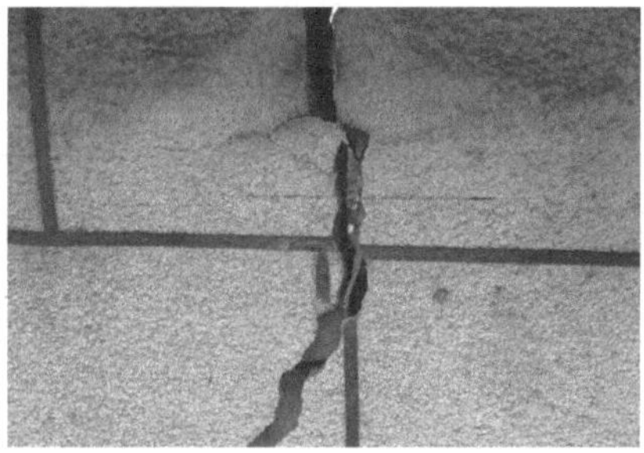

사진 3　확대된 균열

10.3 경험 소개

아마 20여년 전으로 기억된다. 서울고속터미널 근방 7호선의 지하철을 공사할 때의 일이다. 지하철이니만큼 건물 기초 부분에서 공사를 진행하게 되는데, 지하철 선로 옆 아파트에서 균열이 발생하였다.

당연히 입주민들은 지하철공사 때문에 균열이 발생하였다고 하고, 지하철 공사 진행자는 원래부터 있었던 균열이라고 주장하고 있었다. 따라서 지하철공사의 영향인지 아니면 원래부터 있었던 것인지에 대하여 중간적 입장인 국가의 모 기관에서 진단업무를 맡아 진행하게 되었다.

진단관계자는 이 분야의 전문가를 찾았는데, 쉽게 찾을 수 없었다고 하며, 본인에게 간곡하게 자문을 요청하는 것이었다. 실은 소송이라든지 이해관계가 첨예하게 대립하는 경우에는 잘못하면 낭패를 보는 경우가 많아 망설였다. 즉 예전에 국내 모 건설업체에서 준공을 앞둔 아파트의 여름철 지하 주차장에 물이 고여 있는 상황에서 방수결함인지 결로인지를 판정해달라는 주문을 받고 현장을 방문하여 상황을 분석한 다음 결로에 기인한 것이란 소견서를 작성해 준 바 있다. 그것으로 그 아파트는 준공처리되었는데, 그 결과는 입주민들의 요구에 반하는 내용이다보니 SNS에 내 이름이 들어간 글이 올라가게 되었고, 여기에 온갖 추측성 댓글에 비방글까지 달리며 곤욕을 당해본터라 조심스러웠다.

그렇지만 워낙 간곡히 요구하여 할 수 없이 자문에 응하였다. 우선 진단담당자의 설명을 듣고 안내에 따라 아파트 주변의 상황을 둘러보고 지하실에도 들어가서 전반적인 균열양상을 살펴보았다. 그런 다음 진단담당자에게 조언을 해주게 되었다.

10.4 진단결과

“자, 잘 보십시오. 여기 이 균열에는 검게 먼지 등 때가 끼어 있지요. 그런데 이 균열을 보십시오. 이것은 하얗고 깨끗하게 찢겨져 때가 끼어 있지 않아요. 그럼 결론은 무엇입니까? 별것도 아닌 간단한 것입니다. 즉 검게 때가 끼어 있는 균열은 종전에 균열이 발생했던 것이고, 하얗고 깨끗하게 찢긴 것은 이번 지하철공사의 영향으로 균열이 발생한 것입니다. 물론 검은 균열 끝부분에 하얀균열이 보이는 것은 종전에 있던 균열이 지하철공사의 영향으로 확대된 것입니다.”

콘크리트에 대한 엄청난 수학공식도 엄청난 화학적 지식도 요구하는 것이 아닌 일반상식인 것을 너무 어렵게 생각함으로써 머릿속이 하얗게 되어 지레 겁을 먹고 진단에 임하다보니 그저 모든 균열이 균열일뿐 분명한 진단을 내리지 못하고 당황하는 상황이 되는 것이다. 진단관계자는 중요한 것을 명쾌하게 결론을 내려주었다고 몇 번이고 고맙다는 인사를 하면서 극진히 예우를 해주었다.

아마도 추측건대 특별한 이의제기 없이 분쟁문제는 해결되고, 진단에 따라 보수보강도 명쾌하게 되었지 않았을까 하는 생각이 든다. SNS에도 주민들이 댓글을 달며 나를 비방하는 글 또한 없었던 것으로 기억되니 무사히 해결되지 않았을까 하는 생각도 들었다.

10.5 결언

이와 같은 설명을 마치고 이번에는 일본건축학회 학술발표대회 참석시 호텔 앞 공사장 이웃 담장의 균열에 대하여 대학원생들에게 다시 물었다. 대학원생들의 경우 세밀하게 균열을 살피는 눈빛이 달라졌다. 여기까지는 종전에 발생한 균열이고, 여기서부터 이곳까지는 인근 공사현장의 영향으로 이번에 균열이 간 것이군요. 대학원생들도 이제는 명탐정 내지 명심판관이 된 기분으로 홍분된 얼굴을 보였다. 결국 별것도 아닌 것을...

(2017년 6월 1일, 조선일보, 고성민 기자)

사진 4 서울의 아파트(본 사진은 본 기사와 관련 없는 임의의 사진임)

11. 콘크리트의 화학적 부식(Ⅲ)

11.1 서 언

전 단원(제Ⅳ권 II-20)에서는 콘크리트의 화학적 부식으로 부식작용과 부식하는 물질 및 산에 의한 열화를, 제Ⅳ권 II-21에서는 콘크리트의 황산염 및 기타 물질에 의한 열화 및 부식 방지 대책에 대하여 기술한 바 있다.

이번 단원에서는 이전 단원의 연속으로 동·식물유(이하 유지류라 칭함)에 의한 열화에 대하여 기술한다.

11.2 유지류의 특성

사진 1 각종 동식물유

사진 1과 같은 유지류의 주성분은 각종 지방산의 글리세린 에스테르이고, 그 이외로 소량의 유리지방산을 포함하고 있다. 지방산이라고 하는 것은 칼복실기 1개를 갖는 칼본산(R-COOH) 중 쇄상(Chain상)구조의 분자를 갖는 유기산의 총칭으로 그림 1과 같이 안정된 상태의 포화지방산과 그림 2와 같이 불안정한 상태의 불포화지방산이 있다.

일반적으로 팔미틱산(Palmitic acid), 스테아린산 등의 탄소 체인이 긴 지방산은 유지류 중에 글리세린과 결합한 에스테르형으로 존재한다.(에스테르라고 하는 것은 칼본산과 알코올이 화합한 것을 말함) 탄소수가 작은 지방산은 유리산의 형태에 포함된다.

지방산에는 많은 종류가 있는데, 유지류의 질 차이는 이와 같은 지방산들의 구성비율 차이인 것이다. 유지류 중에 포함된 유리산의 양은 보통 1~3 % 정도이지만, 이 중에는 유리산을 20 % 정도까지 포함하는 특수한 생선기름도 있다.

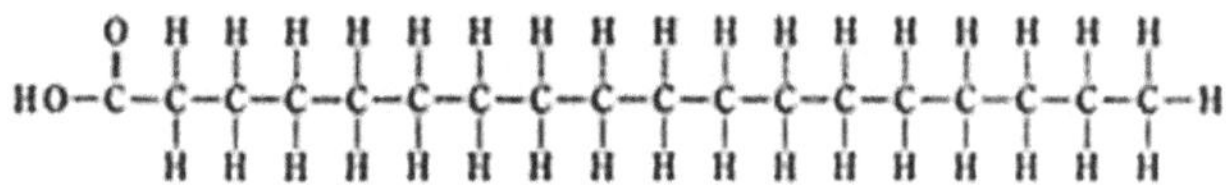

포화지방산(stearic acid)

그림 1 포화지방산의 일례

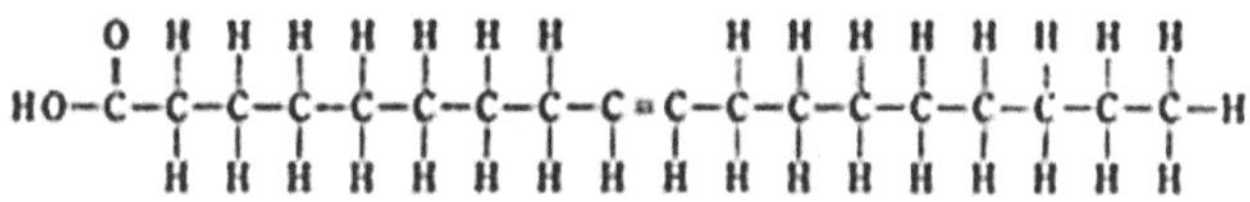

불포화지방산(linoleic acid)

그림 2 불포화지방산의 일례

11.3 부식 메커니즘

유지류가 콘크리트를 부식시키는 것은 다음의 2가지로 분류된다. 첫째는 지방산의 글리세린 에스테르가 시멘트 경화체 중 수산화칼슘과의 반응에 의한 팽창작용이고, 둘째는 기름 중에 포함되어 있는 유리산에 의한 침식이다.

(1) 글리세린 에스테르

유지류 중 글리세린 에스테르가 시멘트 경화체 중 수산화칼슘과 반응하면 식 (1)과 같이 가수분해를 일으켜 지방산 칼슘염(비누)을 만드는 것 때문에 팽창을 일으키는 것으로 알려져 있다.

$$RCOOR + Ca(OH)_2 \rightarrow ROH + RCOOCa \quad \cdots\cdots\cdots\cdots\cdots (1)$$

유지류　　　수산화칼슘　　　글리세롤　지방산칼슘염(비누)

그림 3에는 각종 시멘트 조성 광물 및 각종 시멘트를 사용한 모르타르를 지방산 에스테르에 침지시킨 경우 큰 팽창을 일으킨 예를 보여주고 있다.

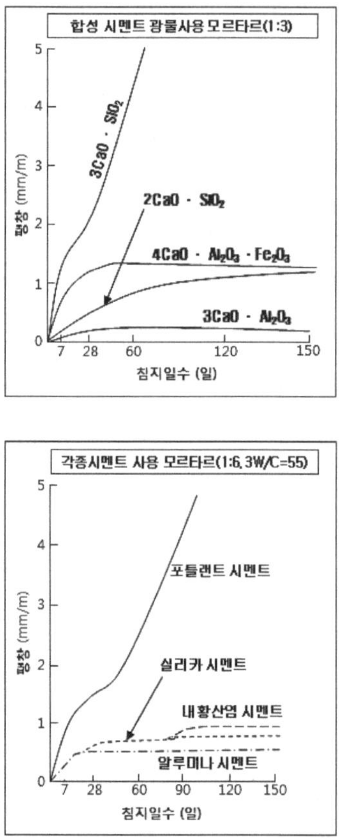

그림 3　유지류의 일종에 침지시킨 시멘트 경화체의 팽창

(2) 유리지방산

유지류에 소량 포함된 유리지방산은 염산, 황산과 같은 산으로서의 역할을 한다. 즉 시멘트 수화물 중 수산화칼슘이나 CSH수화물(Cal-cium Silicate hydrate)을 분해시켜 물에 녹을 수 있는 가용성의 염류를 생성함으로써 이것이 물에 녹으면 콘크리트를 열화 및 침식시킨다.

11.4 부식에 미치는 영향요인

콘크리트의 침식 정도에 영향을 미치는 유지류는 지방산의 구성비율 외에 그 유지류가 콘크리트 중에 침투하기 쉬운 정도에 따라서도 다르다. 상식적으로 상온에서 돼지기름처럼 굳어 있는 기름이거나 점성이 높은 기름은 당연히 콘크리트 조직 내부로 침투되기 어려워 비교적 침식이 적으나 반대로 점성이 낮은 기름은 콘크리트 조직 내부로 깊이 침투함에 따라 침식 정도가 격심하게 나타난다.

유지류 중에 포함되어 있는 유리산의 양은 근소하기 때문에 산에 의한 침식처럼 표면 부분이 연화되거나, 골재 노출, 박리가 생기는 정도는 비교적 경미하여, 역으로 콘크리트의 팽윤(膨潤)에 의한 균열이 생기고 표면으로부터 박리해간다. 단, 유지류를 사용하는 식품공장의 바닥처럼 항상 물로 씻어내기도 하고, 사람이나 차량의 통행에 의해 마모가 빈번한 경우에는 표면에 유지류와 반응한 층이 제거되기 때문에 골재의 노출 및 박락됨으로써 산에 의한 침식현상처럼 보이기도 한다.

유지류는 식용, 식품원료, 식품가공용, 화장품 원료 등에 널리 사용되는 것 외에도 윤활유, 절삭유, 유압유 등에 배합되어 이용되기 때문에 이에 따라 콘크리트가 침식되는 경우도 있다.

유지류에 의한 침식은 산에 의한 침식처럼 콘크리트 표면에 먼저 침식 징후가 현저히 나타나고, 침식 부분과 미침식 부분의 경계가 모호하여 대책이 늦어져 큰 피해가 올 수 있으므로 충분한 주의가 필요하다. 그러나 유지류는 화학적 침식 이외에도 골재와 시멘트페이스트의 결합력을 저하시키기도 하고, 콘크리트와 철근의 부착력을 저하시키는 등 콘크리트의 내력을 저하시키는 것으로 알려져 있다. 단, 기름을 함침시킨 콘크리트는 원래 콘크리트의 수십% 정도까지 강도를 저하시키지만 용제 등을 이용하여 함침된 기름을 제거하면 원래의 강도로 회복되기도 한다.

이와 같은 현상은 화학적 침식과 좀 다르지만, 마모나 충격을 받는 부위의 콘크리트에는 강도가 저하하기 때문에 더욱 손상을 받기 쉬워지므로 주의가 필요하다. 단, 유지류는 식품공장 등에 주로 사용되는데 무기산에 비해 침식이 적고 비교적 규모가 작은 사업장이 많기 때문에 등한시되어 왔다. 또한 영세 소규모 식품공장의 경우는 파이프라인보다 인력으로 운반 및 취급함에 따라 바닥에 흘리거나 엎질러지는 것에 의해 피해가 발생하는데 브러시 청소나 지게차 운행 등에 의한 마모까지 겹쳐지게 되면 의외로 침식이 빠르게 진행된다. 특히 바닥의 일부가 침식되어 오목한 부분이 생기면 그 부분에 액체 등이 고이기 쉬운데, 그 부분에 식용유 등이 폐수상태로 고여 있으면 침식이 더욱 커지는 악순환을 초래하므로 배수에 유의해야 한다.

결국, 유지류를 사용하는 식품공장의 바닥은 에폭시 도막 등 불투수성 폴리머 계통의 피막을 단단히 형성하면 피해의 대부분을 막을 수 있다.

〈본내용은 岸谷孝一 등의 콘크리트 구조물의 내구성 시리즈, 화학적 부식, 기보당, 1986을 참고한 것임〉

III 특수 콘크리트

1. 교회에서 간증을? (초기동해 깊이진단)
2. 서중환경시 거푸집 및 철근의 온도특성(Ⅰ)
3. 서중환경시 거푸집 및 철근의 온도특성(Ⅱ)
4. 중유동 콘크리트의 보급제안
5. 연구의 이삭줍기(고유동 콘크리트의 재료분리 평가)
6. 고유동 콘크리트의 개요
7. 고유동 콘크리트의 자재 및 배합
8. 고유동 콘크리트의 시공
9. 매스콘크리트의 온도균열지수
10. 매스콘크리트의 열특성 및 온도해석
11. 매스콘크리트의 인장강도와 온도 응력해석
12. 매스콘크리트의 시공
13. 매스콘크리트의 응결시간차 공법
14. 응결시간차 공법의 실무 적용 사례
15. 매스콘크리트의 상하부 수화발열량 및 시간차 조정공법

1. 교회에서 간증을?(초기동해 깊이진단)

1.1 서 언

나는 교회에 다니지 않는다. 단지 교회 옆에 살고, 내 아내가 교회에서 권사직을 맡고 있을 뿐이다. 그렇지만 2017년 초의 겨울에 초기동해 깊이를 진단하는 과정에서 새롭게 알게 된 것에 대하여 아내와 대화를 나눈 적이 있는데, 그때 갑자기 나에게 교회에 가서 간증이라도 해보면 어떻겠냐고 권유를 받은 적이 있다.

따라서 본 고에서는 이와 같은 내용과 관련하여 새롭게 알게 된 초기동해 깊이진단 방법 등 일련의 사안들에 대하여 소개해 보도록 한다.

1.2 초기동해 발생

2017년도 1월 13~14일에 발생한 일의 기억이다. 그때는 매우 추웠다. 영하 10 ℃ 이하의 최저기온으로 아마 그해에 들어 가장 추웠었는데, 강원도의 경우는 더욱 추울 수밖에 없었다. 물론 이렇게 추운 날씨면 물을 사용하는 콘크리트공사는 중단하는 것이 좋고, 우리나라의 기후조건에서는 2~3일 정도 상황을 보아가며 덜 추울 때 한중콘크리트 시공원칙을 준수하며 콘크리트를 타설하는 것이 좋다.

그러나 안좋은 것은 겹쳐서 온다고 하던가? 국내 모 건설사에서는 강원도 모 지역에 제일 추운날에 무리하여 공사를 진행하게 되었는데, 콘크리트 타설량이 많아 밤늦게까지 이어지다보니 일부 타설공들은 너무 힘들어 공사를 포기하고 현장을 떠나는 상황이 발생하였다.

기능공의 사정도 이해가 안가는 것은 아니지만 타설중이던 콘크리트는 어찌하란 말인가? 야간에 비상상황이 발생한 경우로써 이에 대한 대처로 사무직 건설관계자까지 모두 동원되어 어렵게 콘크리트 타설은 새벽까지 진행하여 완료하였지만 보온양생까지는 역부족으로 다음날 난방을 총 가동하기는 했지만 일부 콘크리트 표면의 초기동해 피해를 막을 수는 없었다.

그런데 건설공사 운영체계로 발주처에는 감독이 있고, CM사에는 감리도 있다. 따라서 현장기술자들만의 판단으로는 해결되기 어려운 상황으로 초기동해 범위 및 보수보강 방안의 기술적인 대책마련이 요구되었다. 이에 공사관계자간 회의 끝에 해당 전문가로서 필자가 선정되어 초기동해 진단 및 보수보강 방안을 마련하는 용역을 수행하게 되었다.

1.3 초기동해의 범위 진단

우선 현장상황을 파악한 다음 대학원생 중심으로 진단팀을 꾸리고, 작업계획을 수립하였다. 초기동해 피해 당일 타설한 전체 물량 중 초기동해 피해가 의심되는 슬래브의 일부구역을 정한 다음, 평면적으로 초기동해 여부를 파악하고, 또한 그 깊이를 추정해야만 했다. 그래야 보수 · 보강을 실시할 물량이 산출되기 때문이다.

콘크리트가 초기동해를 입게 되면 콘크리트 조직내 모세관공극 중의 물이 얼어 체적이 팽창하므로 조직이 이완되어 강도발현이 작아질 수밖에 없다. 따라서 평면적인 초기동해 피해범위로는 표면 타격시 반발경도로 압축강도를 추정하는 사진 1과 같은 슈미트 해머를 이용하여 피해 범위를 측정하였다. 전체를 4 m 간격의 그리드를 치고 전면을 타격하여 반발도를 구하였다. 100개소 이상을 타격하여 종합하다보니 평면적으로 초

사진 1 슈미트 해머 측정 모습

기동해를 입지 않은 지역, 표면만 피해를 입은 경미한 지역 및 어느정도 깊이까지 피해를 입은 심각한 지역이 구분되었다.

1.4 초기동해 깊이진단

이제 남은 문제는 초기동해 깊이에 대한 진단이었다. 국내 · 외 어느 책을 찾아보아도 초기동해 깊이를 판단하는 내용은 나와 있지 않았다. 따라서 나는 초기동해 피해지역에서 코어를 채취한 다음 상 · 중 · 하의 높이별로 절단하여 압축강도를 시험하는 것으로 초기동해 깊이를 판단할 생각이었다. 즉 초기동해를 입었으면 조직이 이완되어 압축강도가 건전부보다 작게 나오지 않겠는가라는 생각이었다. 따라서 사진 2와 같이 철근탐지기로 철근 위치를 피하여 건전부 1개소, 경미한 피해 3개소, 심각한 피해 3개소로 합계 7개를 선정, 코어를 채취한 다음 준비된 랩으로 감싼 뒤 학교 실험실로 운반하였다.

현장을 다녀온 지 3일쯤 지났을까, 현장에서 채취한 초기동해 깊이 진단용 코어공시체를 대학원생에게 연구실로 가져오도록 하였다. T탁자 위에 7개의 시료를 올려놓고 랩을 벗기도록 했다. 물이 흡수된 상태라 사진 3의 위와 같이 아무런 차이를 발견하지 못하였다. 마침 졸업한 제자가 연구실을 찾아와 차 한 잔하면서 대화를 나눈 다음 잠시 후에 돌아갔다.

그런데 이게 웬일인가? 벗겨진 코어공시체에서 사진 3과 같이 초기동해

사진 2 철근탐지 후 코어채취 모습

사진 3　초기동해깊이 진단

피해를 입은 부분이 선명하게 색으로 구별지어지는 즉 피해를 입은 부분은 진한색, 입지 않은 부분은 밝은색을 나타내지 않는가? 흥분되는 상황이었다. 이것은 분명 하나님께서 나에게 초기동해는 이렇게 진단하는 것이다라고 알려주는 상황이 아니고 무엇이겠는가?

교회용어사전에 의하면 간증은 ①참회의 간증 ②구원의 간증 ③은혜의 간증 ④치유의 간증이 있다고 하는데, 이 중 은혜의 간증은 「특별한 상황과 환경 혹은 평범한 환경 중에서도 하나님의 사랑을 확인한 일에 대하여 증언하는 것」이라고 한다. 내 아내의 말대로 이는 교회에 가서 하나님 은혜에 감사하는 은혜의 간증을 해야 할 일임에 틀림없는 상황이었다.

결국 초기동해로 이완된 조직은 흡수율이 크므로 침수된 다음 건조되는 상황이 발생하면 건전부는 먼저 말라 하얗게 되지만 초기동해 피해를 입어 흡수율이 큰 부분은 늦게까지 수분을 유지하면서 진한색을 띠는 것이다. 이렇게 간단한 원리를 왜 이제까지 아무에게도 알려주지 않았다가 내게만 하나님께서 최초로 알려주시는 것일까?

내가 만약 교인이라면 교회에 가서 간증할만한 일이 아니고 무엇이겠는가?

2. 서중환경시 거푸집 및 철근의 온도특성(Ⅰ)

2.1 서 언

우리나라 여름철은 매우 덥다. 특히 야외작업이 기본인 철근콘크리트공사의 경우에 강한 햇볕(일사)까지 내리쬘 때에는 더욱 덥다. 그렇다면 우리나라 일사환경에서 여름철 거푸집 및 철근의 온도는 몇 도까지 올라갈까? 아울러 거푸집 종류 및 철근지름에 따라서도 달라질텐데 그의 영향은 어떤지? 아무리 문헌을 찾아봐도 보고된 바가 없었다.

따라서 이와 같은 여름철 일사환경하에서의 거푸집 종류 및 철근지름별 온도를 측정한 결과에 대하여 보고하는데, 금번 단원에서는 차광시설이 없는 경우의 온도특성에 대하여 보고하고, 다음 단원에서는 차광시설에 따른 온도저감특성에 대하여 보고하도록 한다.

2.2 실험계획 및 방법

본 연구에 있어 실험계획은 표 1과 같다.

표 1 실험계획

실험요인	실험수준			
거푸집	• 목재(유로폼)	• 강재(갱폼)	• 알루미늄(알루미늄폼)	
이형철근(D)	• 13 mm	• 19 mm	• 25 mm	• 32 mm
차광시설[1)]	• 외기노출 • 은색버블시트(SBS)	• 차광막	• 천막	• 백색버블시트(WBS)
측정사항	• 온도이력(2012년 8월 3일~5일)			

1) 알루미늄 거푸집의 경우만 적용

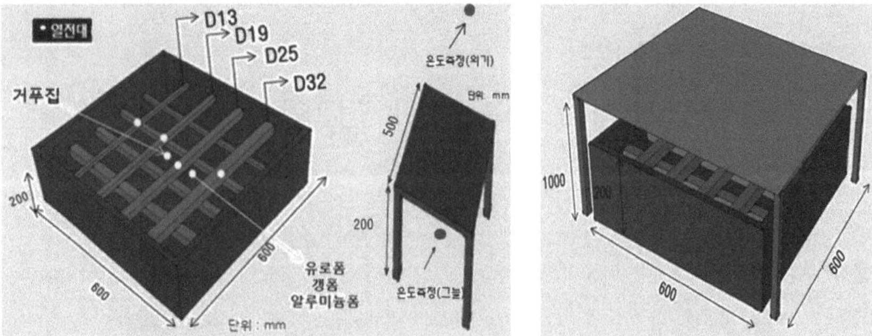

(a) 모의부재 (b) 차광시설 설치

그림 1 실험시 온도측정 계획

사용재료는 국내에서 유통되는 일반적인 거푸집, 철근 및 차광시설을 이용하였다. 실험방법은 청주지역 운동장에서 그림 1과 같은 모의부재를 만들어 각 거푸집 및 철근에 T-Type 열전대를 매설한 다음 온도이력을 측정하였다.

2.3 온도측정 결과

거푸집의 종류별로 8월 3일부터 3일간 온도측정 결과는 그림 2와 같고, 최고온도에 대하여만 분석하면 그림 4와 같다. 먼저, 거푸집의 경우는 오후 2

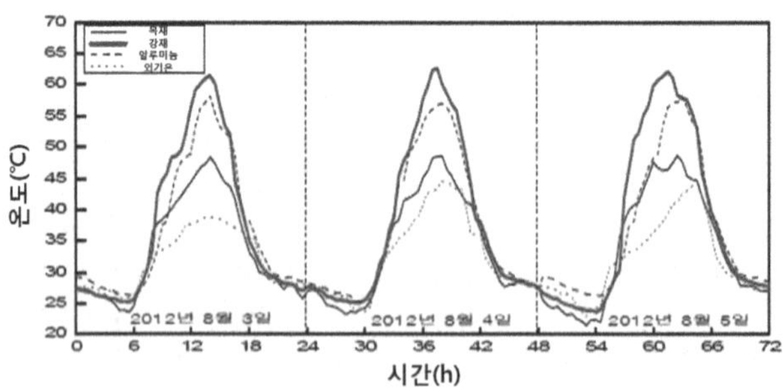

그림 2 8월 3일부터 3일간 거푸집의 종류별 온도특성

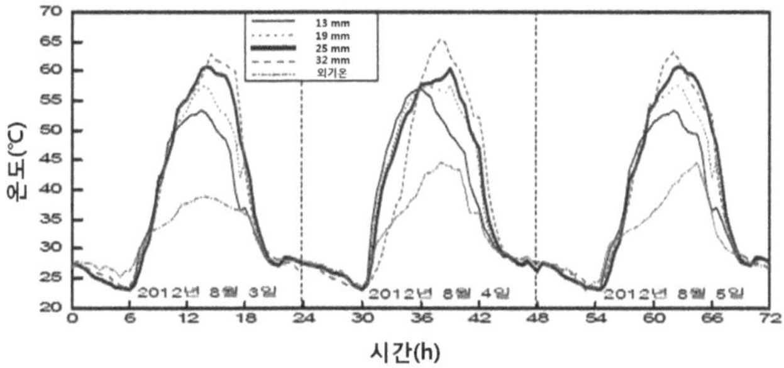

그림 3 8월 3일부터 3일간 알루미늄 거푸집 내의 철근온도

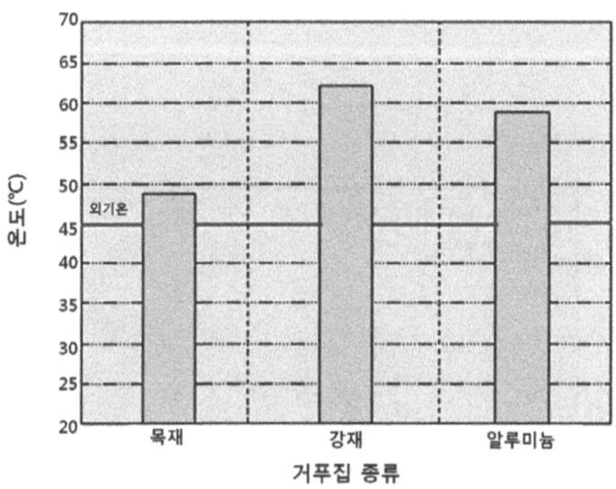

그림 4 거푸집의 종류에 따른 최고온도

시에 최고온도를 기록하였는데, 검은색 계열의 강재 거푸집에서 62.2℃로 최고온도를 나타냈고, 알루미늄 거푸집 58.7℃, 목재거푸집 48.7℃ 순이었다.

또한, 각 재질별 거푸집에서 철근지름 변화에 따른 온도를 측정하였는데, 지면관계상 온도가 가장 높게 나타난 알루미늄 거푸집에 배근된 철근의 경우 온도분포는 그림 3과 같고, 아울러 각 거푸집에 있어 철근지름별 최고온도특성은 그림 5와 같다. 철근의 경우는 직경이 굵을수록 높은 온도까지 상승하였는데, 최고온도 시점은 철근이 굵을수록 철근의 열용량에 기인하여 늦은 시간에 도달하게 됨을 알 수 있었다.

거푸집과 관련한 철근의 온도는 열반사가 크게 일어나는 알루미늄 거푸집의 경우 2~6 ℃ 높게 나타나는데 본 실험 범위 내에서 최고온도를 나타내는 것은 알루미늄 거푸집에 D32철근을 배근한 경우로서 65.5 ℃이었다.

따라서 여름철 고온에 강한 일사까지 곁들여지면 거푸집 및 철근의 경우 60 ℃를 넘는 경우가 발생하므로 인체접촉의 경우는 화상을 입을 수 있고, 건설기능공들에게는 피로를 누적시켜 작업능률을 저하시키고, 고온철근과 콘크리트의 접촉부에는 부착강도를 저하시키는 등 문제가 발생할 수 있다. 여름철 일사환경에서는 작업인부 및 콘크리트의 품질 향상을 위하여 거푸집과 철근의 경우 고온이 되지 않도록 차광막 등 별도의 대책을 마련해야 한다.

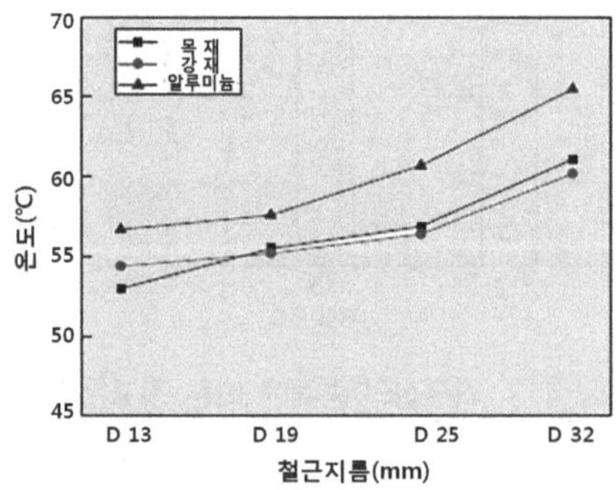

그림 5 거푸집 종류에 따른 지름별 철근의 최고온도

3. 서중환경시 거푸집 및 철근의 온도특성(Ⅱ)

3.1 서 언

전 단원에서는 여름철 일사환경에서 거푸집 및 철근의 온도특성에 대하여 기술하였다. 측정결과 알루미늄 거푸집에 D32철근이 배근된 경우 65.5 ℃의 최고온도를 기록하는 등 작업자 및 콘크리트 품질에 문제가 될 수 있으므로 대책이 요구되었다. 따라서 이번 단원에서는 일사를 차단하는 고온대책에 대하여 기술하여 본다.

3.2 실험계획 및 방법

전체적인 실험계획은 앞 단원의 표 1과 같다. 단, 차광재료는 시중에서 널리 사용되고 있는 검정색으로 직조된 차광막과 블루시트인 천막을 사용하였으며, 백색버블시트(이하 WBS)와 은색버블시트(이하 SBS)의 경우는 기존의 1중 버블시트에 백색안료를 넣어 제조한 것 및 알루미늄 증착층을 삽입 개량한 제품을 사용하였다. 온도 측정 현장모습은 사진 1과 같다.

3.3 온도측정 결과

차광재료의 종류 변화에 따른 온도특성으로 그림 1은 각종 차광재료의 종류별 시간경과에 따른 알루미늄 거푸집의 온도를 나타낸 것이고, 그림 2와 3은 여러 차광재료의 종류 중 차광막을 설치한 경우와 SBS를 설치한 경우에 한하여 알루미늄 거푸집 내의 시간경과에 따른 철근지름별 온도를 나타

사진 1　현장전경

낸 것이다.

또한 그림 4는 차광재료의 종류별 알루미늄 거푸집의 최고온도를 나타낸 것이고, 그림 5는 차광재료의 종류별 알루미늄 거푸집 내의 철근지름 변화에 따른 최고온도를 나타낸 것이다.

차광재료의 종류에 따른 온도저감 특성을 고찰할 때, 거푸집의 경우 차광재료를 설치하지 않은 외기노출은 58.7 ℃로 최고온도를 기록하였지만, 차광재료 중 차광막을 설치하였을 경우 평균 9 ℃ 정도 하락하였고, 천막의 경우 17 ℃, WBS의 경우 10 ℃, SBS의 경우 20 ℃ 정도 하락하였다.

철근의 외기노출인 경우는 전반적으로 거푸집보다 5 ℃ 정도 높게 나타났으나, 차광막을 설치하였을 경우 철근지름에 따라 온도가 크게 하락하였다. 그렇지만 미세하게는 지름이 굵을수록 늦은 시간대에서 온도가 높게 상승되는 경향을 나타내었다.

결론적으로 차광재료의 종류에 따른 온도저감 효과는 전반적으로 SBS, 천막, WBS, 차광막 순으로 효과를 발휘하였다. 특히 SBS를 설치하였을 경우 거푸집 및 철근의 온도가 38~39 ℃로 외기온보다도 낮은 온도를 나타냈는데, 차광재료를 설치하지 않은 거푸집과는 최고 23.0 ℃, 철근과는 최고 26.7 ℃의 온도차로 가장 우수한 온도저감 효과를 나타냈다. 이는 SBS의

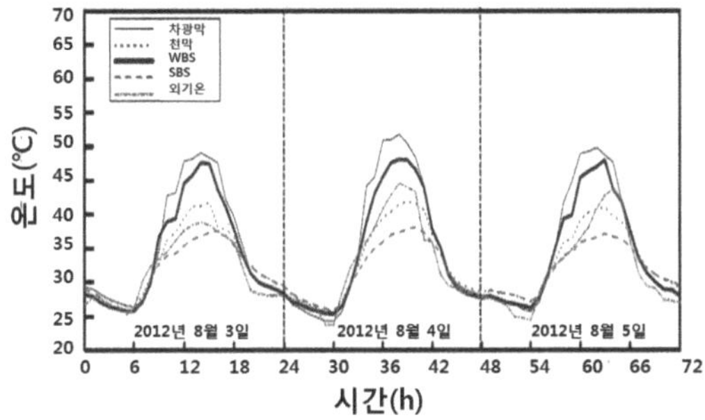

그림 1 각종 차광재료의 종류별 시간경과에 따른 알루미늄 거푸집 온도

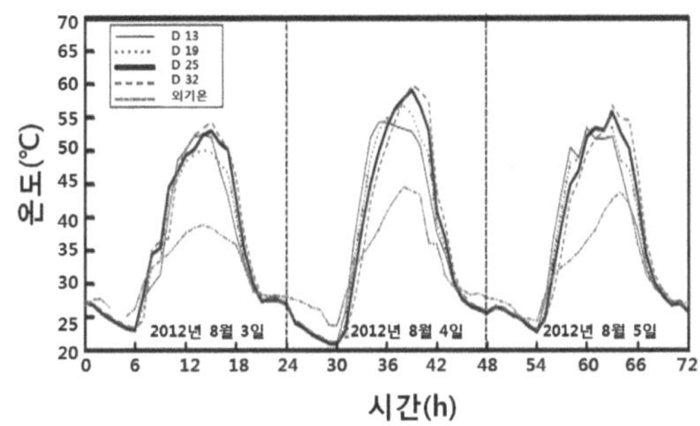

그림 2 차광막 설치 후 알루미늄 거푸집 내 시간경과에 따른 철근지름별 온도

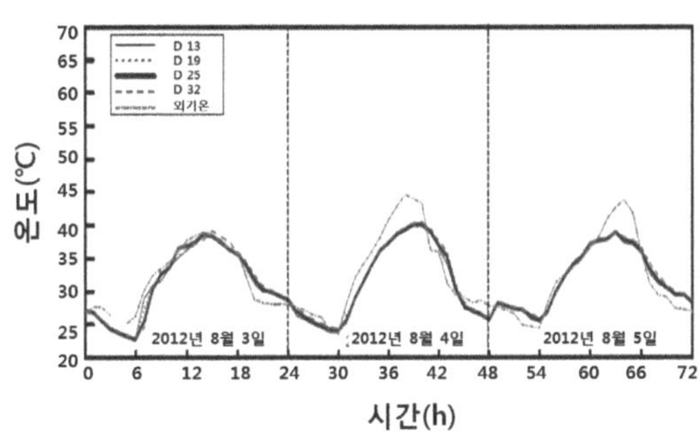

그림 3 SBS 설치 후 알루미늄 거푸집 내 시간경과에 따른 철근지름별 온도

표면에 알루미늄 증착층의 열반사특성으로 직사광선이 효과적으로 차단됨에 기인한 것으로 사료된다.

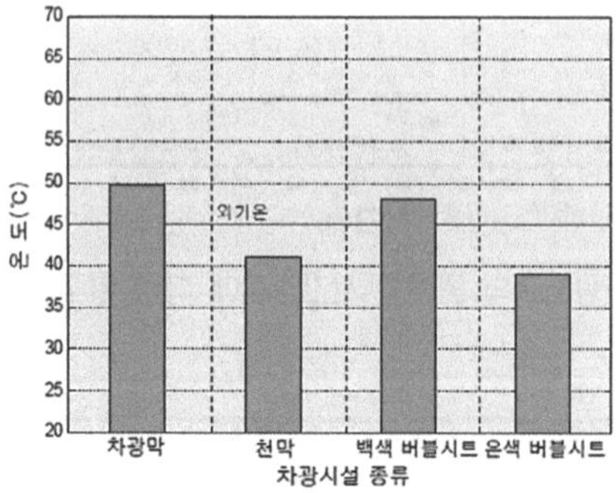

그림 4 차광재료의 종류별 알루미늄 거푸집의 최고온도

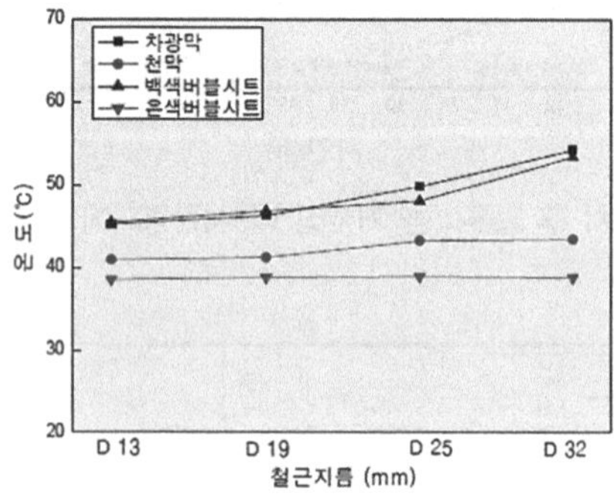

그림 5 차광재료의 종류별 알루미늄 거푸집 내 철근지름 변화에 따른 최고온도

4. 중유동 콘크리트의 보급제안

4.1 서 언

이전 단원에서는 세월호 침몰사건 이후 '비정상의 정상화', 즉 모든 것을 바로 세워야 한다는 것과 관련하여 레미콘사가 어려움을 당하고 있으면서도 품질상 해결하지 못하는 문제와 관련한 내용으로 '호칭강도의 정확한 이해'를 기술한 바 있다.

이번 단원에서는 전 단원의 내용과 맥을 같이 하여 우리나라 중·소규모 건축물 콘크리트의 품질이 더 이상 저하하는 것을 막기 위하여 중유동 콘크리트(이전 본인의 연구에서는 준고유동 콘크리트란 용어를 사용하였으나 현재의 용어가 바람직한 것으로 사료됨.)의 보급을 제안한다는 제목하에서 제도개선 문제를 제안해 본다.

4.2 중유동 콘크리트의 정의

중유동 콘크리트란 그림 1과 같이 슬럼프 180 mm 이하인 보통콘크리트보다는 유동성이 크지만 슬럼프 플로 500~700 mm인 고유동 콘크리트보다는 유동성이 작은 범위의 콘크리트를 말한다. 즉 슬럼프로 지칭하면 210~250mm이고 슬럼프 플로로 지칭하면 300~500 mm의 것이다.

이때 특징적인 것은 슬럼프 180 mm 이하인 보통콘크리트의 경우는 바이브레이터 등을 이용하여 철저히 다져 주어야 재료분리(소위 곰보) 없이 밀실한 구조체가 완성되는데 비하여 고유동 콘크리트인 경우는 큰 유동특성에 의하여 다지지 않아도 스스로 채워지는 것으로 오히려 다져주면 재료분리가

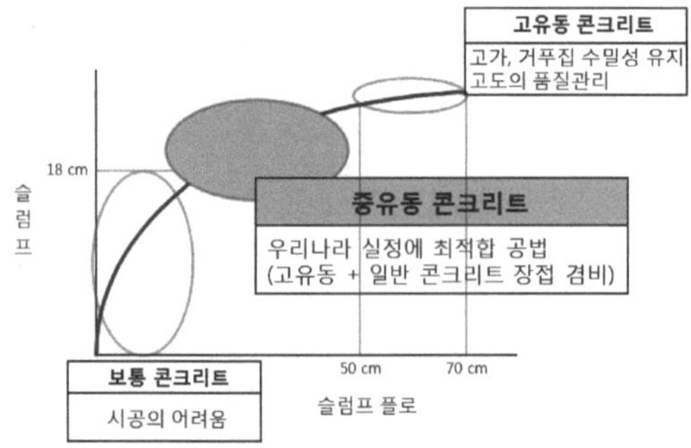

그림 1 중유동 콘크리트의 개념

생겨서 문제가 된다. 반면 중유동 콘크리트인 경우는 대부분 자중에 의하여 거푸집 구석구석 채워지기는 하지만 어느 정도는 바이브레이터를 이용하여 다져주어야만 하는 것을 의미한다.

따라서 보통콘크리트는 콘크리트 타설 기능공들이 매우 힘들어 하는 것인데 비하여 가격은 저렴하고, 고유동 콘크리트는 시공은 용이한데 비하여 고가이고 또한 거푸집은 밀실하게 제작하여 콘크리트가 누출되지 않도록(굵은 골재 1개가 빠져나올 정도의 틈이면 모든 콘크리트가 계속적으로 빠져나옴) 해야 하며 아울러 레미콘 생산시에는 고도의 품질관리가 요구되는데 비하여 중유동 콘크리트는 두 콘크리트의 중간적 상황으로 금전적으로만 뒷받침될 수 있다면 소위 '한국적 콘크리트'로서 우리나라 현재 건설공사현장에서 폭넓게 이용되고 있는 우리 실정에 맞는 범위로 사료된다.

4.3 중유동 콘크리트 도입을 제안하는 배경

현재 건설공사현장에서는 유능한 기능공을 구하기란 여간 어려운 문제가 아니다. 특히 점성이 커서 작업하기 어렵고, 독성이 있으며, 온몸 및 작업복에 묻어 더러운 콘크리트시공은 3D(Difficult, Danger, Dirty) 업종에 속하는 일로써 우리나라의 경우는 대부분 고령자 혹은 외국인 노동자들에 의존하고 있다. 따라서 옛날부터 우리나라 기능공의 장점인 장인정신은 찾아보기 어렵고, 일당 인건비를 많이 받고, 또한 돈내기방식의 경우는 빨리 일을 끝내기 위하여 묽은 비빔 콘크리트를 건축주, 시공자 및 레미콘사에 요구하고 있고, 또한 알게 모르게 레미콘 트럭에 적재된 물탱크로부터 엄청나게 많은 가수행위가 이루어지고 있는 것이 현실이다.

이와 같은 문제의 심각성을 가중시키는 것은 중·소규모 건축물의 건축주 혹은 건축사들이 건축물을 설계할 때부터 문제점이 발생한다. 즉 현장의 시공여건은 전혀 고려하지 않은 채 오직 가격적인 측면에서 저렴화하기 위해 슬럼프가 작은 된비빔 콘크리트인 슬럼프 80 mm 혹은 120 mm를 설계하는데, 이것이 지켜지기란 절대 불가능한 것이 우리 주변의 현실이다. 즉 말은 120 mm라고 하지만, 실제는 엄청난 가수로 210~250 mm인 중유동 콘크리트가 되어 대충 부어넣고 장화 신은 발로 밀면서 바이브레이터를 간단히 대면 채워질 정도이다. 이렇게 될 때 기능공들은 좋은 콘크리트라고 하지 그렇지 않으면 '되어서 못한다', '일당이 안나온다'하며 현장에서 철수하는 일까지 벌어진다. 이렇게 되면 성적서상 단위수량은 185 kg/m^3 이하이지 실제는 200 kg/m^{3}를 훨씬 넘어 구조체 품질은 강도 부족, 내구성 저하 등 엄청난 문제가 발생한다.

4.4 제도 도입

상기의 상황이 매번 되풀이되다보니 우리나라 건축물 중 콘크리트의 품질은 특히 중·소규모 건축물인 경우는 이보다 더 나빠질 수 없을 만큼 극도로 나빠져 있다. 따라서 이와 같은 문제를 해결하기 위해서 특단의 대책이 요구된다. 물론 기능공들의 장인정신에 호소하는 것도 필요하고, 설계자 및 시공회사들에 대한 꾸준한 교육도 필요하지만 특히 이 경우는 중유동 콘크리트를 규정화하여 강제성을 부여하지 않으면 해결하기 어려울 것으로 추측

표 1 KS F 4009 레디믹스트 콘크리트 종류의 제안

콘크리트 종류	굵은골재 최대치수 (mm)	슬럼프 또는 슬럼프플로 (mm)	호칭강도 MPa(= N/mm^2)												
			18	21	24	27	30	35	40	45	50	55	60	휨 4.0	휨 4.5
보통 콘크리트	20, 25	80, 120, 150, 180	O	O	O	O	O	O	-	-	-	-	-	-	-
		210	-	O	O	O	O	O	-	-	-	-	-	-	-
		400*, 500*, 600*	-	-	-	O	O	O							
	40	50, 80, 120, 150	O	O	O	O	O	O	-	-	-	-	-	-	-

이하 생략

* 슬럼프 플로값을 의미함 ** 바탕색 부분이 제안하고자 하는 값임

된다. 즉 KS F 4009(레디믹스트 콘크리트) 콘크리트 종류 중에 중유동 콘크리트를 표 1과 같이 추가하여 슬럼프 플로 400 mm를 추가하는 것(슬럼프 230 mm로 하는 방법도 있으나 품질특성치의 변화폭이 작아 바람직하지 않음)이 바람직하고 콘크리트 표준시방서에 '중유동 콘크리트'라고 하는 항목을 새롭게 제정한 다음 그 용도를 건축주가 직접 공사하는 직영공사인 중·소규모 건설물은 반드시 이 규격을 활용토록 강제할 필요가 있다.

4.5 결언

멀쩡히 서있던 건축물의 지하주차장에서 갑자기 기둥이 파괴되어 건물이 스스로 붕괴할 뻔한 일이 발생한 적도 있고, 120년 정도의 수명으로 건설된 건설물이 30년도 못가서 수명을 다하는 것이 요즘 우리나라 건축물의 현상이다.

현재의 공법은 건설할 당시는 여러 가지 편법으로 얼마만큼 경제적으로 이익을 취했는지 모르겠지만, 120년 수명의 건축물이 30년도 못간다면 과연 현재의 방법이 경제적인 것인지 다시 한 번 되돌아보고, 세월호 침몰에 총체적인 부실을 지적하는 것처럼 건설업, 특히 콘크리트산업에서 부실을 바로잡는 노력도 하루속히 이루어져야 할 것이다.

5. 연구의 이삭줍기(고유동 콘크리트의 재료분리 평가)

5.1 서 언

필자가 어렸을 때에는 가을걷이가 끝나면 논으로 나아가 바닥에 떨어진 벼이삭을 줍던 추억이 있다. 그때에는 가난이 심했던 시절이라 생계에 조금이라도 보탬이 되도록 이삭줍기를 할 수밖에 없었다. 그러나 지금은 기계로 벼를 수확하기 때문에 바닥에 떨어지는 이삭도 많지 않지만 그래도 떨어진 곡물은 이삭줍기하지 않고 철새들의 먹이가 된다. 즉 이삭줍기란 「농작물 등을 수확한 뒤에 처져 남은 것을 줍는 것」으로 정의되는데, 콘크리트 관련 연구에서도 이와 유사한 일이 있었음에 이번 단원에서는 그 내용에 대하여 소개해보고자 한다.

5.2 연구의 시작

1992년도 1년간은 필자가 박사 후 연수(Post-Doc. : 한국과학재단의 후원 프로그램)로 일본 북해도대학에서 객원 연구원으로 근무한 적이 있다. 마침 그 무렵은 일본 동경대학의 오까무라(岡村) 교수가 1989년 최초로 개발한 고유동 콘크리트(다짐을 하지 않아도 채워질 수 있는 슬럼프 플로 600±100 mm인 콘크리트)에 대하여 전국적으로 분담을 나누어 연구가 진행될 때의 일이다. 일본의 연구는 철저히 전문가별 특성에 맞게 나누어져 진행됨에 따라 북해도대학에서는 겨울철 동결융해작용에 대한 내구성(동해) 부분을 검토하는 것이었다. 주어진 재료 및 배합에 따라 연구를 실시하였는데, 동해 실험연구가 주가 되다보니 유동성의 경우는 슬럼프 플로

600±100 mm에 공기량 4.5±1.5 %를 맞추는 정도이고, 그 이전부터 실시하던 슬럼프 시험은 하지 않는 것이었다. 물론 재료분리 정도의 판단은 육안관찰로서 중앙에 굵은골재가 모이거나 가장자리에 시멘트페이스트의 유출이 없는지를 확인하는 것이었다. 그렇지만 육안관찰로 재료분리를 평가한다는 것은 전문가라면 잘 알 수 있는 것이지만 어느 정도의 점성으로 재료분리 저항성을 갖고 있는지 그 정도를 정량화된 숫자로 표기하기는 곤란한 점이 있다. 그러나 슬럼프 플로값과 슬럼프값의 관계를 잘 이용한다면 재료분리를 정량적으로 평가할 수 있을 것 같다는 제안을 당시의 지도교수였던 가마다(鎌田) 교수에게 제안하였다. 그렇지만 가마다 교수는 의미 있는 아이디어이기는 하지만 우리는 동해 부분만을 책임 맡았기 때문에 별로 관심이 없다는 것이었다.

역시 자기 담당 부분만을 열심히 하고 다른 연구자의 영역은 침범하지 않는다는 개념에서 관심 없다는 것이었다. 나중에 안 일이지만 일본의 경우는 본인의 주연구영역이 아닌 부분에 대하여 논문을 발표하게 되면 그 해당 분야의 연구자들에게 많은 공격을 받게 되니 자기영역 범위를 벗어나지 않으려는 것이 일반화되어 있음을 알게 되었다.

결국, 가마다 교수는 이 부분에 관심이 없었으므로 내가 해결하지 않으면 안 되게 되었다.

5.3 재료분리 평가정수의 제안

해외연수를 마치고 한국에 돌아와 몇 번의 실험연구를 거듭한 다음, 재료분리 평가정수(EIS : Evaluation Index for Segregation)라고 하는 것으로 우리나라와 일본에 발표하게 되었다. 이때는 「이것은 일본의 연구로부터 이삭줍기한 것이다」라고 하는 토를 달아가며 발표하였다.

즉, 그림 1과 같이 보통콘크리트인 경우 슬럼프값은 크게 변하는 반면 슬럼프 플로는 시험방법의 특성상 별로 변하지 않아 일반적으로 유동성 정도를 표현할 경우는 슬럼프 값으로 표현한다. 반면 준고유동(혹은 중유동) 및 고유동 콘크리트의 경우 슬럼프값은 시험방법의 특성상 거의 변화하지 않는 반면 슬럼프 플로는 크게 변하므로 유동성 정도를 표현할 경우는 슬럼프 플로값으로 표현한다.

그런데 고유동 콘크리트의 경우 재료분리 관점에서 보면 그림 2 및 사진 1, 2와 같이 재료분리를 일으키지 않은 양호한 콘크리트는 점성을 유지하며 유동하므로 슬럼프값은 크고, 슬럼프 플로값은 작게 된다. 반면 재료분리를 일으킨 콘크리트는 점성이 부족하여 중앙에 굵은골재가 남아 있으므로 슬럼프값이 작고, 주변부는 시멘트페이스트 혹은 물이 유출되어 슬럼프 플로값은 크게 된다.

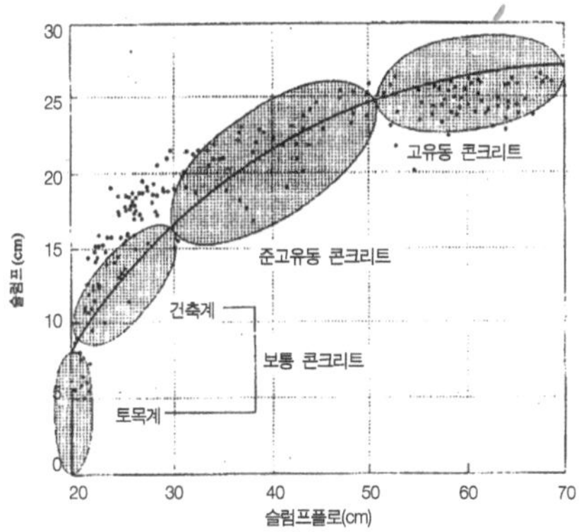

그림 1 콘크리트의 슬럼프와 슬럼프 플로의 관계

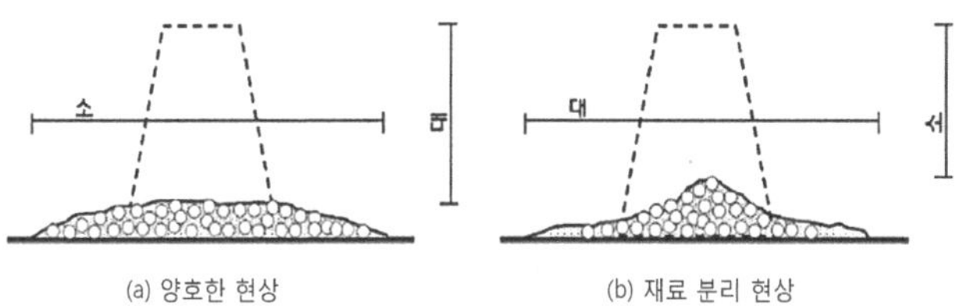

그림 2 재료분리 여부에 따른 고유동 콘크리트의 슬럼프 플로 양상

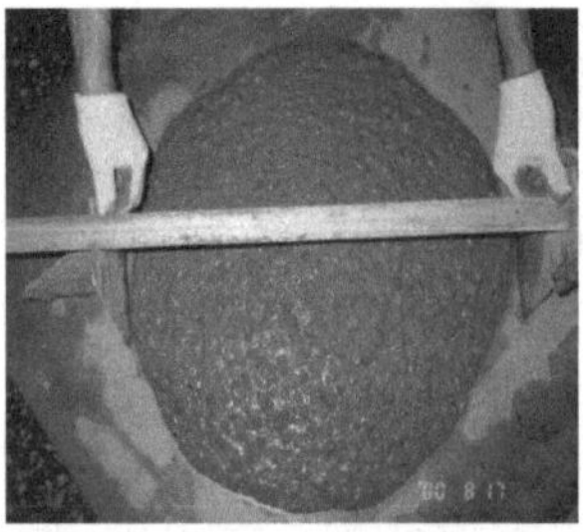

사진 1 양호한 슬럼프 플로

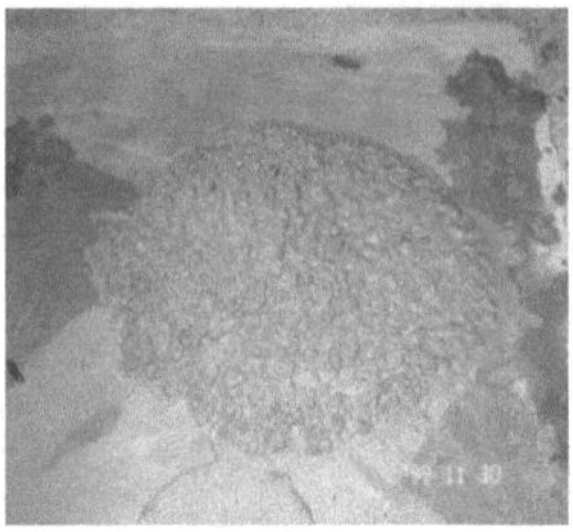

사진 2 재료분리된 슬럼프 플로

그러므로 재료분리를 평가하는 관점에서 식(1)과 같이 슬럼프 플로값을 슬럼프값으로 나누면 정량적으로 재료분리를 평가할 수 있는 방법이 되는 것이다.

$$EIS = \frac{\text{슬럼프 플로(mm)}}{\text{슬럼프(mm)}} \quad \cdots\cdots (1)$$

여러 번 실험하여 얻어진 자료는 그림 3과 같다. 따라서 그림 4와 같이 시방적인 단순관점에서 EIS 2.5 이하는 재료분리가 아니지만 그 이상은 재료분리로 평가되고, 성능적인 관점에서 등급으로 표현할 경우는 그림 4의 아랫부분과 같이 1등급~3등급의 정량화된 값으로 제안하고자 한다.

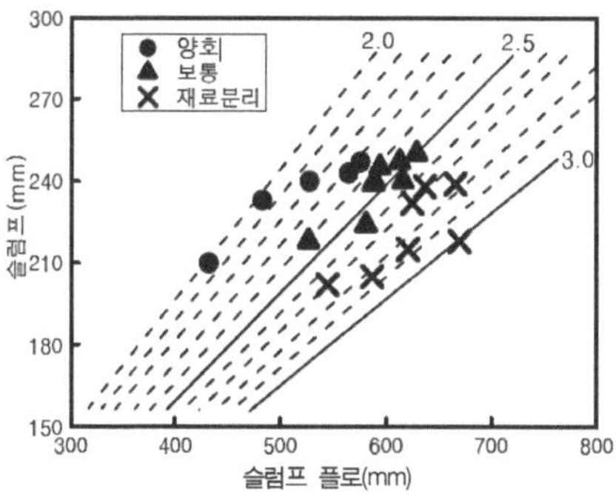

그림 3 재료분리와 관련 슬럼프 플로와 슬럼프의 관계

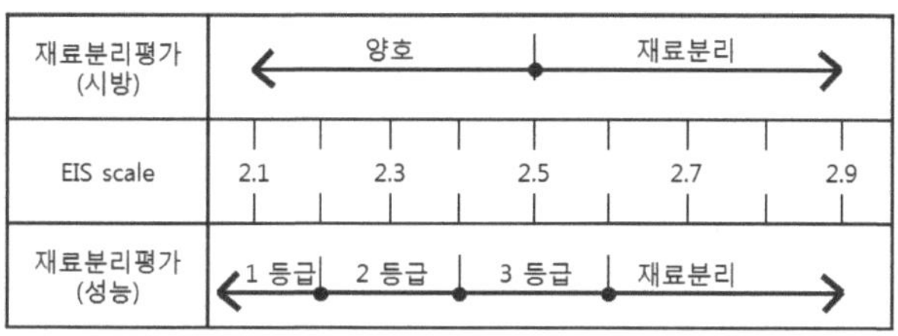

그림 4 고유동 콘크리트의 재료분리 성능판정(안)

결국 본 방법은 일본이나 미국 등 선진국에서도 전혀 검토되지 않은 방법으로 ISO 등에 우리의 연구를 제안해 봄직한 사안이다. 참고로 이 방법의 상세한 내용은 한국콘크리트학회 고성능 콘크리트 위원회의 콘크리트 실무 매뉴얼 KCI PM 205.1-10 「고유동 콘크리트의 제조 및 시공」 기문당, 2010년도 발행본에 상세히 기록되어 있음에 필요시는 참고해주길 바란다.

6. 고유동 콘크리트의 개요

6.1 서 언

세계적으로 고유동 콘크리트는 30년이 채 안 되는 비교적 최신 기술이다. 전 단원에 기술한 것처럼 필자는 1992년도 일본에 객원 연구원으로 있을 때 처음 접하게 되었고, 이듬해인 1993년도에 중점제계열로 하여 우리나라 학계에 최초로 소개하는 기회가 되었다. 따라서 본서에 소개하는 것이 늦었지만 이번 단원부터 몇 단원에서는 고유동 콘크리트와 관련한 내용을 소개해 보고자 한다.

6.2 정의 및 사용 목적

고유동 콘크리트(High fluidity concrete)란 콘크리트 표준시방서(KCS 14 20 32)에 의하면 「굳지않은 상태에서 재료분리 없이 높은 유동성을 가지면서 다짐작업 없이 자기충전성이 가능한 콘크리트」라고 정의되어 있다. 즉 콘크리트 재료의 품질불량은 주로 타설 시 다짐작업의 누락 혹은 과다에서 발생하는 경우가 많은데, 이와 같은 고유동 콘크리트는 다짐작업 없이도 철근이 밀실하게 배근된 거푸집 내부를 스스로 유동하여 빈틈없이 채워 줄 수 있는 것을 말한다. 이렇게 되기 위해서 고성능감수제에 의해 높은 유동성을 발휘하면서 어느 정도 점성을 유지해야 재료분리가 발생하지 않고, 양호한 충전성도 발휘될 수 있다.

이와 같은 고유동 콘크리트는 모든 구조물에 적용하는 것이 가능하지만 특히 사용목적에 따라 기대되는 효과는 다르게 나타날 수 있으므로 고유동 콘크리트 사용에 따른 기대효과는 다음과 같다.

(1) 보통 콘크리트로는 충전이 곤란한 구조체인 경우

최근의 많은 구조물은 철근이 밀실하게 배근되어 보통 콘크리트로는 타설이 어려운 경우가 있고, 복잡한 형상이나 충전형 강관처럼 채워지기 어려운 부분도 있다. 이와 같은 부위에 고유동 콘크리트를 타설하면 작업인력의 숙련도에 좌우되지 않고, 또한 많은 노력을 들이지 않고도 양호한 품질의 구조물로 완성시킬 수 있다.

(2) 균질하고 정밀도가 높은 구조체를 요구하는 경우

보통 콘크리트인 경우 바이브레이터 등을 이용하면 밀실하게 다져지기도 하지만 굵은골재 침하 및 블리딩 같은 물의 상승으로 재료분리가 발생하기도 한다. 그러나 고유동 콘크리트는 높은 유동성에 점성까지도 겸비함에 따라 재료분리가 방지되어 다지지 않고도 밀실하게 채워짐으로써 균질하고 정밀도 높은 구조체를 완성할 수 있다.

(3) 타설작업의 합리화로 시간단축이 요구되는 경우

최근 건설물의 기초형태는 건설물의 안정화, 시공의 간략화 및 저렴한 콘크리트 가격에 힘입어 매스 매트콘크리트로 시공되는 경우가 많아지고 있다. 따라서 중규모 이상 구조물이라면 하루에도 콘크리트 타설 물량이 수천 m^3에서 많게는 수만 m^3가 되는 경우가 있는데, 이런 경우 주어진 시간 내에 타설 목표량을 완료하기 위하여는 고유동 콘크리트가 채택되지 않을 수 없다.

(4) 다짐작업에 따르는 소음, 진동의 발생을 피해야 하는 경우

보통 콘크리트를 타설할 경우 다짐작업에는 바이브레이터를 이용하게 되는데, 특히 도심지의 병원, 학교, 주택단지 등에서는 소음, 진동의 민원이 문제시 될 수 있다. 이런 경우는 보통 콘크리트 대신 고유동 콘크리트를 사용함으로써 소음, 진동 등 민원을 최소화하고, 아울러 건설현장 관계자에게도 조용히 타설됨에 따라 쾌적한 환경을 제공하게 된다.

6.3 고유동 콘크리트의 종류

고유동 콘크리트를 제조하는 방법으로는 다양한 종류로 분류될 수 있으나 재료분리를 방지하는 방법적 측면에서는 다음의 3종류가 있다.

(1) 분체계

미세한 입자로 된 분체는 물에 혼합될 경우 점성을 나타내는데, 분체계 고성능 콘크리트는 다량의 분체를 사용하여 그 점성으로 재료분리를 방지하는 방법이다. 따라서 이 방법은 물분체비(W/B)가 30 % 정도로 작아져서 고강도 콘크리트를 나타내는 경우가 많은데, 시멘트량으로 분체를 늘리면 수화열에 의한 균열이며 고가로 되는 문제점이 있기 때문에 가격이 저렴하면서 수화열을 줄일 수 있는 고로슬래그 미분말, 플라이애시, 메타카올린, 석회석 미분말 등이 이용되고 있다. 그러나 점성을 발휘하는 관점에서는 미분말일수록 유리하지만 건조수축균열이나 자기수축 관점에서는 특히 고로슬래그 미분말의 경우 주의할 필요가 있다.

(2) 증점제계

증점제란 콘크리트에 끈적끈적한 성질을 부여하는 일종의 약으로써 아크릴계, 셀룰로오스계, 다당류 폴리머계, 검류, 폴리에틸렌 옥사이드(PEO) 등이 있다. 이 경우는 분체계와 달리 비교적 물분체비(W/B)가 40~60 %인 보통 콘크리트 영역에서도 제조가 가능하다. 그러나 이 경우는 화학적인 물질이므로 고성능감수제와의 상성작용을 고려하여야 하는 경우(예로 나프탈렌계 고성능감수제와 셀룰로오스계 증점제를 조합하면 겔상 물질이 발생하여 유동성이 저하되기도 함)가 있고, 또는 공기량이 다량 발생하여 강도가 크게 저하하는 경우(메틸셀룰로오스 등)도 있으므로 사전에 적합성을 충분히 검토한 후 사용을 결정해야 한다.

(3) 병용계

이 방법은 상기의 두 방법을 병용하는, 즉 분체와 증점제를 동시에 이용하는 방법이다. 분체계 혹은 증점제계의 한 방법만을 따르는 것보다는 손쉽게 고유동 콘크리트를 제조할 수 있는 장점이 있지만, 두 가지 요소를 모두 고려해야 하는 번잡함도 따른다.

6.4 고유동 콘크리트의 등급 및 품질기준

고유동 콘크리트에 관한 콘크리트 표준시방서에는 표 1과 같은 자기충전 등급과 표 2와 같은 고유동 콘크리트의 품질을 규정하고 있다.

표 1 고유동 콘크리트의 자기충전 등급

(1) 고유동 콘크리트의 자기충전성 등급은 거푸집에 타설하기 직전의 콘크리트에 대하여 타설 대상 구조물의 형상, 치수, 배근상태를 고려하여 적절히 설정한다. (2) 고유동 콘크리트의 자기충전성은 다음과 같이 3가지 등급으로 한다. ① 1등급 : 최소 철근 순간격 35~60 mm 정도의 복잡한 단면형상, 단면치수가 작은 부재 또는 부위에서 자기충전성을 가지는 성능 ② 2등급 : 최소 철근 순간격 60~200 mm 정도의 철근 콘크리트 구조물 또는 부재에서 자기충전성을 가지는 성능 ③ 3등급 : 최소 철근 순간격 200 mm 정도 이상으로 단면치수가 크고 철근량이 적은 부재 또는 부위, 무근 콘크리트 구조물에서 자기충전성을 가지는 성능 (3) 일반적인 철근 콘크리트 구조물 또는 부재는 자기충전성 등급을 2등급으로 정하는 것을 표준으로 한다.

표 2 고유동 콘크리트의 품질

(1) 고유동 콘크리트는 다음과 같은 품질을 만족하여야 한다. ① 굳지않은 콘크리트의 유동성은 슬럼프 플로 600 mm 이상으로 한다. ② 굳지않은 콘크리트의 재료분리 저항성은 다음 규정을 만족하는 것으로 한다. 가. 슬럼프 플로 시험 후 콘크리트 중앙부에는 굵은골재가 모여 있지 않고, 주변부에는 페이스트가 분리되지 않아야 한다. 나. 슬럼프 플로 500 mm 도달시간 3~20초 범위를 만족해야 한다. (2) 시공자는 위의 (1)의 품질을 만족시키도록 배합을 정해야 하며, 특별한 상황에서 품질을 만족하지 못하는 부분이 있을 경우에는 책임기술자의 승인을 받아야 한다. (3) 고유동 콘크리트를 제조할 때에는 유동성, 재료분리 저항성 및 자기충전성을 관리하여야 한다. (4) 유동성은 슬럼프 플로시험, 재료분리 저항성은 500 mm 플로 도달시간 또는 깔때기 유하시간, 자기충전성은 충전장치를 이용한 간극 통과성 시험으로 관리할 수 있다.

7. 고유동 콘크리트의 자재 및 배합

7.1 서 언

이전 단원에서는 고유동 콘크리트(High fluidity concrete)의 개요로서 정의 및 사용목적, 종류, 등급 및 품질기준에 대하여 기술하였다.

이번 단원에서는 이전 단원의 연속으로 고유동 콘크리트와 관련한 콘크리트 표준시방서의 규정 내용 중 자재 및 배합 등에 대하여 기술해 본다.

7.2 자재

고유동 콘크리트에 사용되는 자재는 양호한 품질의 것을 사용해야 한다.

표 1 고유동 콘크리트의 구성재료

2.1.1 시멘트

(1) 시멘트는 KS L 5201, KS L 5210, KS L 5211의 표준에 적합한 것으로 한다.

(2) 상기 (1) 이외의 시멘트는 품질을 확인하고, 사용 방법을 충분히 검토한 후 사용하여야 한다.

2.1.2 골재

(1) 고유동 콘크리트에 사용되는 골재는 KS F 2527의 표준에 적합한 것으로 한다.

2.1.3 혼화재료

(1) 혼화재는 KS F 2560에 적합한 것으로 하며, 증점제 등 그 외의 콘크리트용 화학혼화제는 고유동 콘크리트의 응결·경화, 내구성에 나쁜 영향을 미치지 않는 것이어야 한다.

(2) 고유동 콘크리트에 사용되는 플라이애시는 KS L 5405, 고로슬래그 미분말은 KS F 2563, 실리카 퓸은 KS F 2567의 품질에 적합한 것이어야 한다. 석회석 미분말 등의 혼화재 및 무기질 미분말을 사용할 경우에는 시험배합을 거쳐 고유동 콘크리트의 제반 특성을 확인하여야 한다.

따라서 KS 표준 및 콘크리트 표준시방서의 품질 규준을 만족하도록 해야 하는데, 이 규격 이외의 재료를 이용할 경우에는 자기충전성 및 경화콘크리트의 소요성능을 만족할 수 있는지 확인한다. 참고로 표준시방서의 규정내용은 표 1과 같다.

특히 재료분리를 방지하기 위하여 증점제 Type의 경우에는 증점제의 종류 선정에 신중을 기할 필요가 있다.

7.3 배합

고유동 콘크리트에 있어 요구성능을 만족시키기 위한 사용재료의 종류와 그 배합비를 결정하는 배합설계 방법은 보통 콘크리트와 유사하지만, 특히

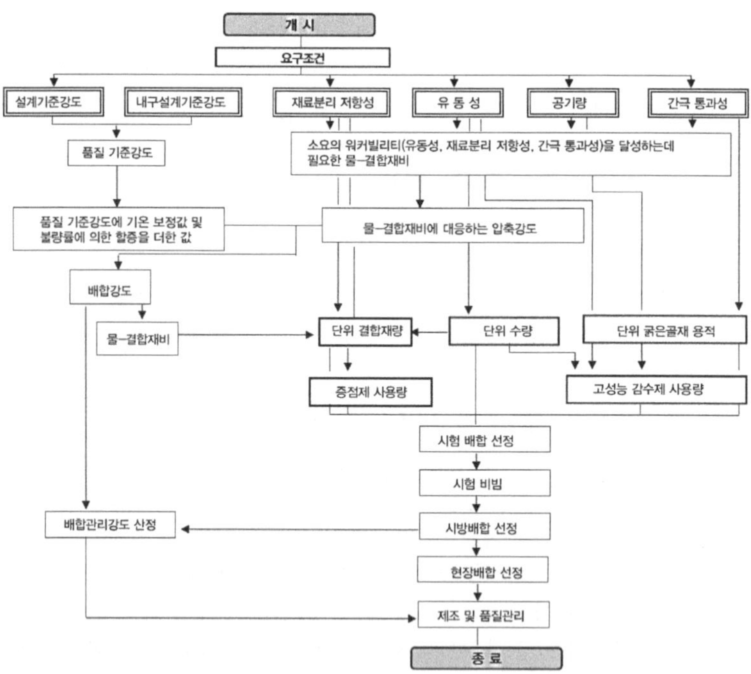

그림 1 JASS 고유동 콘크리트의 배합설계 순서

고유동을 발휘하면서 재료분리가 방지되고, 자기충전성이 실현되도록 하는 것이 중요하다. 또한, 배합설계 순서와 방법은 하나로 정해진 것은 없지만 미국, 일본 등의 제안된 방법을 참고하면 편리할 수 있는데, 일본건축학회에서 제안한 고유동 콘크리트의 배합설계 순서는 그림 1과 같다. 우리나라 콘크리트 표준시방서에서 정하는 고유동 콘크리트의 배합에 대한 규정은 표 2와 같다.

표 2 고유동 콘크리트의 배합

2.2.1 배합 (1) 고유동 콘크리트의 배합강도는 KCS 14 20 10(2.2.2)에서 정한 값과 이 기준의 1.2.2에서 설정된 자기충전성을 만족할 수 있는 물·결합재비로부터 산정된 압축강도를 비교하여 큰 값으로 정하여야 한다. 2.2.2 비비기 (1) 고유동 콘크리트는 KCS 14 20 10(3.9.3.1)에서 규정하고 있는 믹서로 균질하게 혼합하여야 한다. (2) 콘크리트 비비기 시간은 배치플랜트의 성능 등을 고려하여 균질한 배합이 되도록 시험에 의해 결정하여야 한다. 2.3 재료 품질관리 (1) 고유동 콘크리트의 재료에 대한 품질관리는 KCS 14 20 10(2.3) 해당 규정에 따른다.

* KCS 14 20 10(2.2.2)는 일반 콘크리트의 배합강도임
* 이 기준 1.2.2는 전 단원에 설명한 고유동 콘크리트의 자기충전등급임
* KCS 14 20 10(3.9.3.1)은 일반 콘크리트의 믹서임
* KCS 12 20 10(2.3)은 일반 콘크리트의 재료 품질관리임

7.4 배합설계의 일례

참고로 본 연구실에서 증점제계 고유동 콘크리트로서 Hydroxy propyl methyl cellulose(이하 HPMC) 점도 15,000cps(15U)인 증점제를 이용하여 W/C(물시멘트비) 및 증점제 첨가량 변화에 따른 실험으로서 각 변수별

슬럼프 플로, 재료분리 저항률, 블리딩률, 공기량 실험결과는 그림 2~5와 같다.

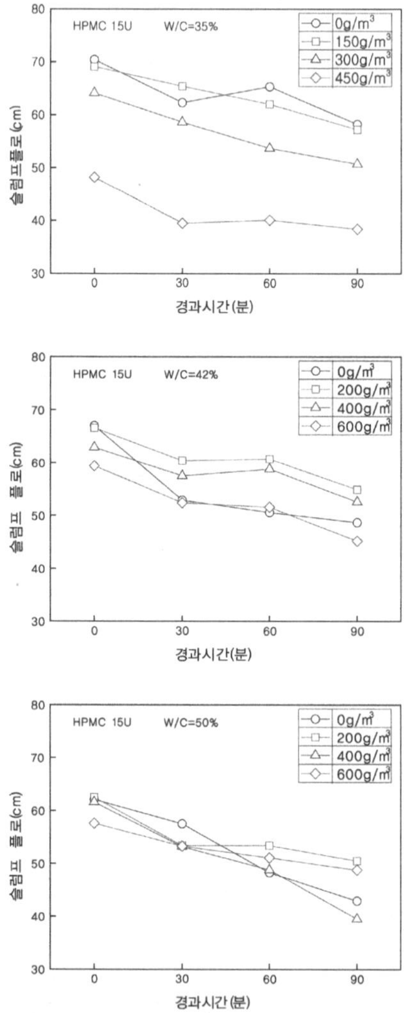

그림 2 경과시간에 따른 슬럼프 플로

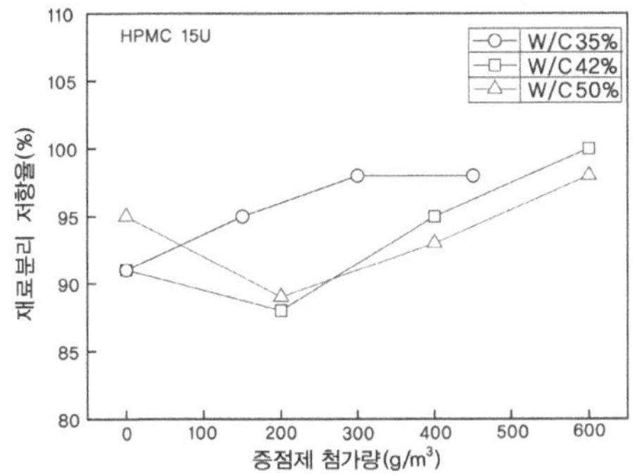

그림 3 증점제 첨가량에 따른 재료분리 저항률

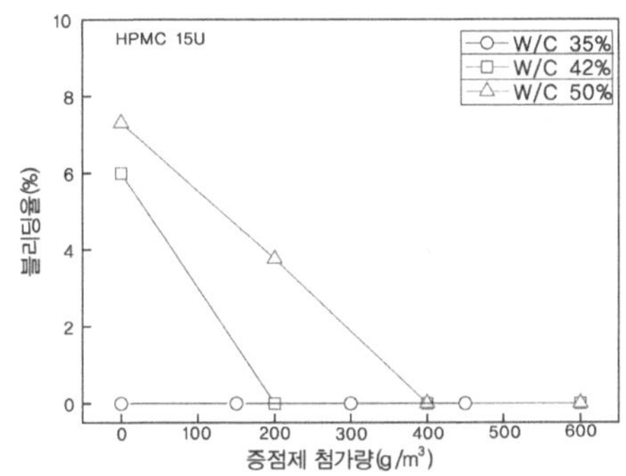

그림 4 증점제 첨가량에 따른 블리딩률

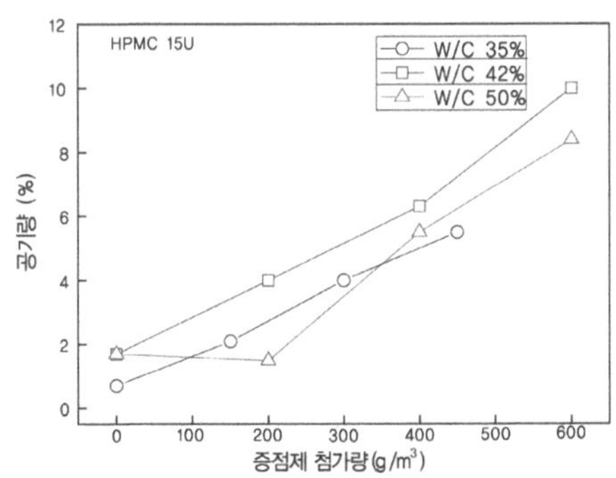

그림 5 증점제 첨가량에 따른 공기량

8. 고유동 콘크리트의 시공

8.1 서 언

이전 단원에서는 고유동 콘크리트(High fluidity concrete)의 개요와 자재 및 배합에 대하여 기술하였다.

이번 단원에서는 이전 단원의 연속으로 고유동 콘크리트와 관련한 콘크리트 표준시방서의 규정 내용 중 시공에 관한 사항으로 시공일반, 운반, 타설, 양생 및 현장품질관리에 대하여 기술해 본다.

8.2 시공일반

자기충전성을 갖는 고유동 콘크리트를 구조체에 타설 시공하는 경우에는 다양한 고려사항이 필요하다. 먼저, 배근된 철근상태 및 거푸집의 복잡성 등을 고려하여 고유동 콘크리트의 자기충전등급을 결정하여야 한다. (본권 Ⅲ-6 참조)

특히, 고유동 콘크리트 시공에 있어서는 거푸집에 대한 고려가 중요시되는데, 거푸집설계에 있어서는 다음 표 1과 같은 검토가 필요하다.

표 1 거푸집설계시 검토사항

① 거푸집에 작용하는 콘크리트 측압은 액압으로 설계
② 시멘트페이스트 또는 모르타르가 이음면으로부터 누출되지 않도록 긴밀하게 조립
③ 폐쇄 공간에 타설할 경우는 거푸집 상면의 적절한 위치에 공기 누출구멍 설치
④ 기포가 미관상 결점이 되는 구조물에는 판재의 재질이나 박리제 종류 등에 주의

이외에도 고유동 콘크리트 시공에 있어서 콘크리트 타설 전 품질검사, 펌프압송, 콘크리트 타설 및 양생 등에 적절한 시공계획을 수립하여야 하는데, 이때 고려사항은 다음과 같다.

표 2 시공계획수립시 고려사항

① 운반·타설·다짐·마감 및 사용 장비의 종류와 수량 ② 운반·타설·다짐·마감의 조직 및 체계 ③ 콘크리트 혼합부터 타설 종료까지의 시간한도 ④ 콘크리트 타설 당일의 치기 구획 및 치기순서 ⑤ 단위 시간당 타설량 ⑥ 연속타설에서 이어치기 허용시간 간격 ⑦ 이음부의 위치·형상 및 이음 방법 ⑧ 기상조건 및 기상변화에 대한 조치 및 대책 ⑨ 도로, 교통 및 주변 상황 등 시공 환경에 대한 대책

8.3 운반

고유동 콘크리트의 운반은 재료의 분리 및 슬럼프 플로값의 손실이 적은 에지테이터 트럭 등으로 신속하게 운반해야 한다. 고유동 콘크리트를 펌프로 압송하는 경우에는 슬럼프 플로 및 공기량이 저하하는 경우(종전의 SP제)도 있고, 그림 1과 같이 증가하는 경우(최근의 저점도형 PC계 SP제)도 있으므로 펌프의 기종, 대수, 수송관의 지름, 배관거리 등에 관한 것은 시험시공 결과나 실적 등을 충분히 고려하여 정한다.

또한 고유동 콘크리트의 혼합으로부터 타설종료까지의 시간한도로서 일반강도의 경우는 90분 이내, 고강도인 경우는 60분 이내로 규정되어 있지만 SP제의 종류 및 특성, 유동성 및 자기충전성 등을 고려하여 특기시방으로 그 한도를 정할 필요가 있다.

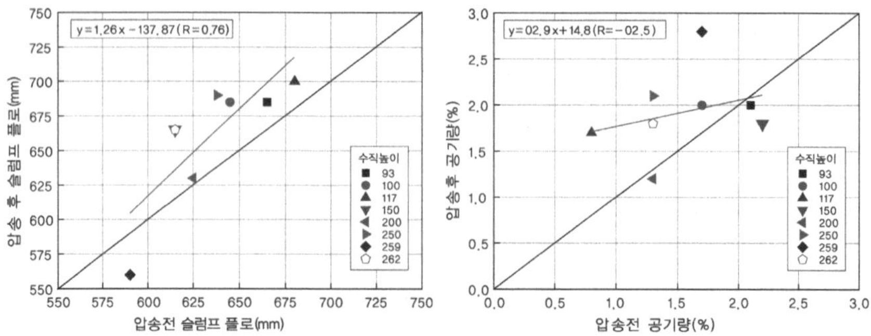

그림 1 펌프압송 전후의 품질

8.4 타 설

고유동 콘크리트는 빠른 속도로 타설하면 공사기간을 단축시켜 양호하지만 충전불량 개소가 발생할 수도 있으므로 배합, 구조물조건, 시공조건 등을 고려하여 적절히 정할 필요가 있다. 또한 일반적인 펌프카로 타설할 경우(압송관 100 혹은 125 mm로 길이 300 m 이하)에는 최대 자유낙하 높이 5 m 이하, 최대 수평이동거리 8~15 m 이하를 표준으로 한다. 특히 콘크리트 타설시, 이어치기 구획재는 고유동이므로 시멘트페이스트의 유출이 적고, 측압에 의한 파괴나 과다한 변형이 생기지 않도록 주의해야 한다.

다짐의 경우는 고유동 콘크리트이므로 다질 필요가 없지만 콜드조인트가 발생할 염려가 있는 경우, 과밀철근 위치, 복잡한 단면 및 기포가 갇힐 우려가 있는 공간 등에서는 적절히 다짐을 실시할 필요가 있다.

단, 과도한 다짐은 오히려 재료분리를 발생시킬 수 있으므로 주의해야 한다.

8.5 양 생

보통 콘크리트에 비해 고유동 콘크리트는 혼화재료의 영향으로 응결시간이 지연되는 경향이 있어 표면마무리 시기 및 양생시기에는 주의가 필요하다. 특히 고유동 콘크리트는 초기강도 발현이 매우 중요하므로 콘크리트 타설 후 양생조치로서 필요한 온도 및 습도를 유지해야 하며, 진동·충격 등의 유해한 작용을 받지 않도록 충분한 조치를 취할 필요가 있다.

특히 부재 두께가 800 mm 이상인 매스 콘크리트 양생의 경우는 매스콘크리트 시공원칙에 따르되 콘크리트의 온도는 가능한 천천히 외기온도에 가까워지도록 표면을 2중 버블시트 등으로 보온하는 단열조치를 강구해야 한다.

8.6 현장품질관리

콘크리트 표준시방서에 규정된 고유동 콘크리트의 자기충전성에 대한 품질관리는 다음 표 2에 따른다.

표 2 고유동 콘크리트의 자기충전성의 현장 품질관리

자기충전성 등급	시험 및 검사 방법	시기 및 횟수	판정기준
등급 1	충전장치를 이용한 간극 통과성 시험	50 m^3당 1회 이상	충전높이 300 mm 이상일 것
등급 2 및 등급 3	충전장치를 이용한 간극 통과성 시험	50 m^3당 1회 이상	충전높이 300 mm 이상일 것
	간극 통과 장치를 갖는 전량시험* 및 품질관리 담당자의 관찰	전량 대상	전량시험장치를 전 콘크리트가 통과할 것, 또는 관찰에 의해 재료분리가 확인되지 않을 것

* 전량시험은 에지테이터차와 펌프차 사이에 장애물을 설치하고 전량이 시험기를 통과하는 성상을 관찰함

9. 매스콘크리트의 온도균열지수

9.1 서 언

매스콘크리트와 관련하여 정의, 균열발생기구 및 전반적인 방지대책에 대하여 제Ⅰ권 Ⅲ-11에, 온도차와 콘크리트의 균열과 관련해서는 제Ⅳ권 Ⅱ-6에 기술한 바 있다. 본 단원에서는 이전 단원에서 응결시간 조절제 중 지연제 및 초지연제가 매스콘크리트의 온도균열저감에 활용한 사례를 소개하고자 하는데, 이전에 매스콘크리트에서 다루지 않았던 균열저감대책 등을 포함하여 실제 시공 사례에 이르기까지 전반적인 사항을 포함하여 이번 단원부터 몇 단원에 걸쳐 소개하고자 한다.

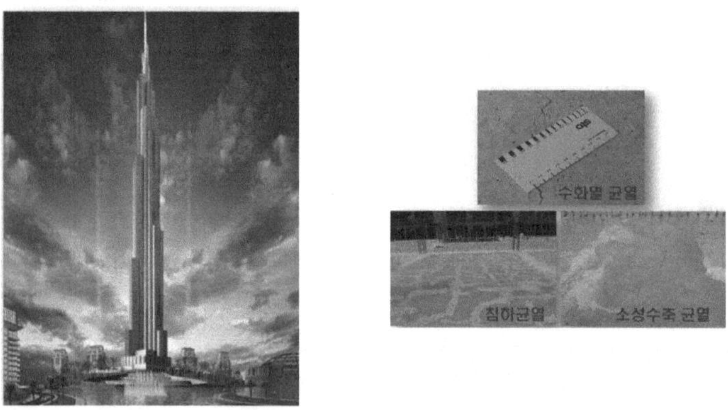

사진 1 건축기초 매스콘크리트 균열모습

(균열은 왼쪽의 구조물과는 무관한 것으로 단순히 예를 든 것임)

9.2 온도 균열지수

매스콘크리트에 발생하는 균열은 시멘트 수화반응에서 발생하는 수화열이 원인이 되어, 즉 부재의 내·외부간 불균일한 분포(내부구속응력에 의한 균열) 및 수화열 발생 후 냉각과정의 구속력에 따라(외부구속응력에 의한 균열) 발생한다. 그러나 이와 같은 각각의 경우에 과연 균열이 어느 정도 발생할 수 있는지 여부는 확률에 의하여 평가할 수밖에 없는데, 이때의 지표를 균열지수라 한다.

즉 콘크리트 표준시방서에 규정된 온도균열지수는 식(1)과 같이 정하고 있다.

$$I_{cr}(t) = \frac{f_{sp}(t)}{f_t(t)} \quad \cdots\cdots (1)$$

여기서, $f_t(t)$: 재령 t일에서 수화열에 의하여 생긴 부재 내부의 온도응력 최대값(MPa)

$f_{sp}(t)$: 재령 t일에서 콘크리트의 쪼갬 인장강도(MPa)

여기에서 균열지수란 균열의 발생가능성과 관련한 것으로 확률적 의미에서 이해할 필요가 있다. 즉 구조체의 인장강도(f_{sp})는 콘크리트 자체의 인장강도에 관한 것으로 배합 및 양생온도, 재령경과 등에 따라 증대되는 것이다. 부재 내부의 온도응력(f_t)은 중심과 표면 간의 온도차 및 최고온도상승 후 외기온으로 냉각될 때의 온도차에 의한 것이다. 결국 온도균열지수는 재령에 따라 변화하므로 재령을 변화시키면서 가장 적은 값을 구해야 한다. 일례로 재령이 얼마 안 되어 콘크리트의 인장강도가 작은데 온도차가 커서 응력이 크게 발생하면 균열지수는 작아져(수학에서 분모가 크고 분자가 작은 경우) 반드시 균열이 발생하는 것으로 결국 균열발생확률이 높아지게 된다. 반대로 콘크리트 인장강도(f_{sp})가 큰데 온도차가 적어 인장응력(f_t)이

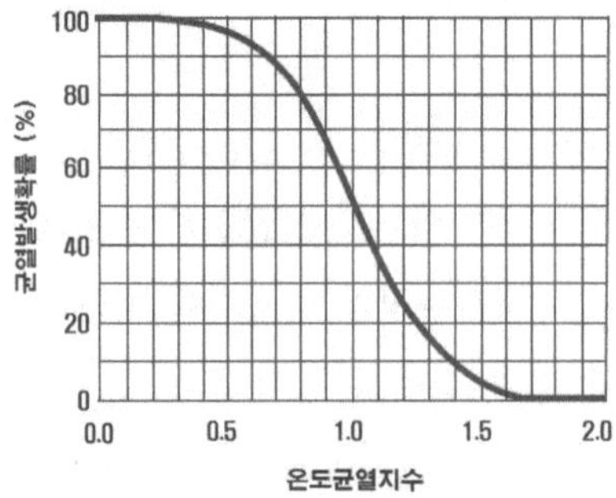

그림 1 온도균열지수와 균열 발생 확률

작은 경우는 균열지수는 커지고(수학에서 분모가 작고 분자가 큰 경우) 균열발생확률은 낮아진다. 이와 같은 전체적인 경향은 그림 1과 같은 온도균열지수와 균열발생확률(%) 간의 그래프가 주어진다.

이 그래프를 좀 더 정확하게 이해하기 위하여 일례로 f_{sp}와 f_t가 동일하다면 I_{cr}은 1이 된다. 그렇다면 이 경우는 균열이 발생하는 것인지, 발생하지 않는 것인지 애매해지는데, 이런 경우를 그림 1에 의하면 50 %의 균열발생확률이 된다. 만약 I_{cr}이 0.5이면 95 % 이상의 균열발생확률로 반드시 균열이 발생할 수 있고, 1.5이면 5 % 이하의 확률로 거의 균열이 발생하지 않음을 알 수 있다.

따라서 콘크리트 시방서에서 온도균열지수는 구조물의 중요도, 기능, 환경조건 등에 대응할 수 있도록 선정하는데, 철근이 배치된 일반적인 구조물의 표준적인 온도균열지수 값은 다음과 같이 정하고 있다.

㉠ 균열 발생을 방지해야 할 경우 : 1.5 이상
㉡ 균열 발생을 제한할 경우 : 1.2~1.5
㉢ 유해한 균열 발생을 제한할 경우 : 0.7~1.2

그런데 매스콘크리트의 균열 문제와 관련하여 온도균열지수를 구할 경우 (1)식을 이용하는 것이 정밀한 해석방법이지만 이 방법은 다소 까다로운 계산을 실시해야 하므로 컴퓨터 해석에 의하고 있지만, 간이적으로 온도차를 계산하여 약산하는 방법도 콘크리트 표준시방서 해설에는 제안하고 있는데, 그 방법은 다음과 같다.

① 연질의 지반 위에 타설된 평판구조 등과 같이 내부구속응력이 큰 경우

$$I_{cr} = \frac{15}{\Delta T_i} \quad \cdots\cdots (2)$$

여기서, ΔT_i : 내부온도가 최고일 때 내부와 표면과의 온도차(℃)

② 암반이나 매시브한 콘크리트 위에 타설된 벽체나 평판구조 등과 같이 외부구속응력이 큰 경우

$$I_{cr} = \frac{10}{R\Delta T_0} \quad \cdots\cdots (3)$$

여기서, ΔT_0 : 부재의 평균 최고온도와 외기온도와의 온도차(℃)

R : 외부구속의 정도를 표시하는 계수로서 다음과 같다.

㉠ 비교적 연한 암반 위에 콘크리트를 타설할 때 : 0.50

㉡ 중간 정도의 단단한 암반 위에 콘크리트를 타설할 때 : 0.65

㉢ 경암 위에 콘크리트를 타설할 때 : 0.80

㉣ 이미 경화된 콘크리트 위에 타설할 때 : 0.60

10. 매스콘크리트의 열특성 및 온도해석

10.1 서 언

이전 단원에서는 매스콘크리트의 온도균열 지수 및 균열 발생 확률에 대하여 소개하였다.

이번 단원에서는 전 단원의 연속으로 콘크리트 표준시방서에 규정되어 있는 매스콘크리트의 열특성 및 온도해석에 대하여 고찰하고 차기 회에서는 매스콘크리트의 인장강도와 온도응력 해석을 기술한다.

10.2 열특성

지난 단원에서 온도균열지수(I_{cr})는 재령 t일에서의 콘크리트 인장강도(f_{sp})를 부재 내부의 온도응력값(f_t)으로 나누어 구한다고 설명한 바 있다. 이 중, 인장강도는 재령경과의 변수로 시멘트 수화작용 진행에 따라 영향을 받는 것인데 상세한 내용은 차기 회에서 설명하고, 부재 내부의 온도응력값은 시멘트 수화열에 의하여 생기는 것으로, 콘크리트의 응력을 이해하기 위해서는 콘크리트의 열특성을 고찰할 필요가 있다.

일반적으로 콘크리트의 단열 온도상승 특성은 단열 온도상승 시험을 통하여 얻는 것이 원칙이지만, 그렇지 않을 경우에는 사용하는 시멘트의 종류, 단위시멘트량, 콘크리트 타설온도 등을 고려하여 적절한 방법으로 구한다. 콘크리트의 단열온도 상승 특성은 콘크리트 타설이 끝난 후 콘크리트의 온도변화를 해석하기 위한 기본 자료로서 다음 (1)식으로 나타낼 수 있다.

$$Q(t) = Q_{\infty}(1-e^{-rt}) \quad \cdots\cdots (1)$$

여기서, $Q(t)$: 재령 t일에서 단열온도 상승량(℃)

Q_{∞} : 최종 단열온도 상승량(℃)으로써 시험에 의해 정해지는 계수

r : 온도상승 속도로서 시험에 의해 정해지는 계수

t : 재령(일)

이때 계산이나 기존의 자료에 의해 단열온도 상승 특성을 추정할 경우에는 시멘트의 종류, 단위시멘트량 및 타설온도를 고려하여 표 1에 나타낸 회귀식에 의해 Q_{∞} 및 r을 추정할 수 있다.

표 1 식 (1)에서의 Q_{∞} 및 r의 표준값

시멘트의 종류	타설온도 (℃)	$Q(t)=Q_{\infty}(1-e^{-rt})$			
		$Q_{\infty}(C)=aC+b$		$r(C)=gC+h$	
		a	b	g	h
보통 포틀랜드 시멘트	10	0.12	11.0	0.0015	0.135
	20	0.11	13.0	0.0038	−0.036
	30	0.11	12.0	0.0040	0.337
중용열 포틀랜드 시멘트	10	0.11	6.0	0.0003	0.303
	20	0.10	9.0	0.0015	0.279
	30	0.11	9.0	0.0021	0.299
조강 포틀랜드 시멘트	10	0.13	15.0	0.0016	0.478
	20	0.13	12.0	0.0025	0.650
	30	0.13	10.0	0.0014	1.720
고로 슬래그 시멘트	10	0.11	14.0	0.0014	0.073
	20	0.10	15.0	0.0025	0.207
	30	0.10	15.0	0.0035	0.332
플라이애시 시멘트	10	0.15	−3.0	0.0007	0.141
	20	0.12	8.0	0.0028	−0.143
	30	0.11	11.0	0.0030	0.059

주 1) C는 결합재 질량으로서 단위는 kg/m^3임

2) 이 표에서 결합재 질량을 기준으로 고로 슬래그 시멘트는 슬래그 40 퍼센트, 플라이애시 시멘트는 플라이애시 20 퍼센트의 혼입률을 고려한 것임

또한, 콘크리트의 중심과 표면 간의 온도차이 등 온도해석에 사용하는 열확산율, 열전도율, 비열 등의 열특성 값은 콘크리트의 배합에 따라 적절한 값을 취하여야 하며, 식 (2)와 같이 나타낸다.

$$h_c^2 = \frac{\lambda_c}{C_c \rho} \quad \cdots\cdots (2)$$

여기서, h_c^2 : 열확산율(m^2/s)

λ_c : 열전도율(W/m℃)

C_c : 비열(m^2/s)

ρ : 밀도(kg/m^3)

콘크리트의 열특성계수는 사용하는 콘크리트의 배합, 특히 골재의 성질 및 단위골재량이나 콘크리트의 습윤상태에 의해 좌우되므로 이러한 영향을 적절히 고려하여 정한다. 그러나 일반적인 콘크리트 구조물에 쓰이는 열전도율, 비열, 열확산율, 밀도, 열팽창계수는 표 2에 나타낸 값으로 볼 수 있다.

표 2 콘크리트의 열특성계수 일반값

열계수	사용값
열전도율(W/m℃)	2.6~2.8
비열(J/kg℃)	1 050~1 260
열확산율(m^2/s)	$(0.83\sim1.10)\times10^{-6}$
밀도(kg/m^3)	2 300
열팽창계수(/℃)	1×10^{-6}

또한, 외부구속 수화열 균열의 해석에 필요한 것으로 일반적인 암반의 밀도는 2 600~2 700 kg/m^3, 열전도율은 1.7~5.2 W/m℃, 비열은 710~880 J/kg℃로 취할 수 있다.

10.3 온도해석

매스콘크리트의 온도해석 방법에는 표 3과 같이 다양한데, 필요로 하는 해석의 정밀도, 해석 대상 구조물의 여러 조건을 고려하여 가장 적절한 방법을 선정한다. 여러 가지 콘크리트의 온도해석 방법 중 어느 방법을 써도 좋지만 각각의 해석방법에는 적용한계가 있으므로 필요로 하는 해석의 정밀도, 해석 대상 구조물의 조건을 고려하여 가장 적절한 방법을 선정한다. 또한 온도해석 시 해석방법에 따라 타당한 해석모델 및 경계조건을 정할 필요

표 3 수화열에 의한 온도해석 방법

분 류	온도해석 방법	적용범위	특징
정밀해석	Baulder의 방법	1~3차원 문제	발열을 고려할 수 없음. 장기적인 온도상태를 해석하는 데는 계산이 간단함.
	McHenry의 방법	1차원 문제	발열을 고려할 수 없으며, 해가 급수해로 주어지므로 계산이 간단함.
도식해법	Glover의 방법	1차원 문제	도식해법으로 해석결과에 변동이 많음.
수치해법	Ross Schmidt의 방법	1~3차원 문제	계산이 간단하여 널리 사용되나, 경계조건을 충분히 고려할 수 없음.
	Carlson의 방법	1차원	계산이 간단하여 널리 사용됨. 경계조건을 충분히 고려할 수 없음.
	유한차분법(FDM)	1~3차원	적용범위가 넓고, 경계조건도 대부분 고려할 수 있음. 그러나 적용범위는 유한요소법에 비해 떨어짐.
	유한요소법(FEM)	1~3차원	적용범위가 넓으며, 이 방법에 의해 거의 대부분의 문제가 해석될 수 있음. 그러나 FDM과 같이 계산에는 손이 많이 감.

가 있으며, 이들이 해석결과에 미치는 영향은 비교적 크므로 주의하여야 한다. 온도 및 온도응력의 검토는 콘크리트 내부온도가 외기온도에 가깝게 거의 정상상태가 될 때까지 실시한다.

또한 콘크리트의 온도해석에 사용되는 경계조건, 즉 열전달경계, 단열경계, 고정온도경계는 구조물의 형상, 방열조건 등을 고려하여 적절히 정하여야 한다. 특히, 열전달률(외기대류계수)은 콘크리트 표면부의 온도에 큰 영향을 미치며, 부재 두께가 비교적 작은 경우에는 내부온도 상승에도 영향을 미치므로 거푸집의 유무, 종류, 존치기간, 양생방법, 주위의 풍속 등을 고려하여 그 값을 정한다.

결론적으로 상기의 내용을 실무에서 이해하기에는 매우 어렵고, 이와 같은 사항들을 손계산으로 수행할 수는 없으므로 주로 컴퓨터 프로그램에 의한다. 일례로 마이다스 젠에 의해 해석한 매스콘크리트의 온도분포 일례는 그림 1과 같다.

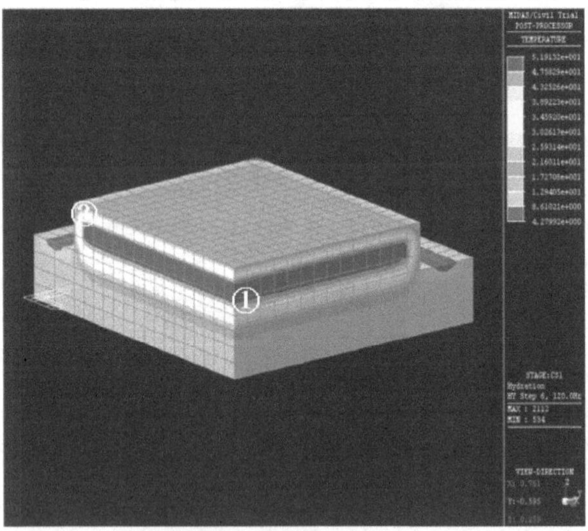

그림 1 온도해석 결과의 일례

11. 매스콘크리트의 인장강도와 온도응력 해석

11.1 서 언

매스콘크리트의 온도균열지수(I_{cr})는 재령 t일에서의 콘크리트 인장강도(f_{sp})를 부재 내부의 온도응력 최대값(f_t)으로 나누어 구한다고 이전 단원에서 설명한 바 있다. 이 중 온도응력과 관련하여서는 지난 단원에서 기술한 바 있고, 이번 단원에서는 콘크리트 표준시방서에 규정되어 있는 매스콘크리트의 인장강도와 탄성계수 및 온도응력해석에 대하여 기술한다.

11.2 콘크리트의 인장강도와 탄성계수

콘크리트의 온도균열 발생 여부를 추정하기 위해서는 타설한 콘크리트의 인장강도를 적절히 정해야 한다. 콘크리트의 인장강도는 사용하는 시멘트의 종류, 물·결합재비, 골재의 종류, 온도이력, 재령 등의 영향을 고려한 시험에 의해 구하는 것을 권장한다. 그런데 구조체 콘크리트의 인장강도는 건조상태, 재하속도 및 치수의 차이 등에 의해 시험에서 얻은 값보다 낮아지는 경향이 있으므로 측정값에서 20 퍼센트 정도를 감소시켜 사용하는 것이 좋다.

근사적으로 인장강도를 구하고자 할 때에는 식 (1)에 의하여 압축강도를 구해, 이것으로부터 식 (2)를 사용하여 인장강도의 근사값을 구할 수 있다.

$$f_{cu}(t) = \frac{t}{a+bt} d_i f_{ck} \quad \cdots\cdots (1)$$

$$f_{sp}(t) = c\sqrt{f_{cu}(t)} \quad \cdots\cdots (2)$$

$f_{cu}(t)$: 재령 t일의 콘크리트의 압축강도(MPa)

$f_{sp}(t)$: 재령 t일의 콘크리트의 쪼갬인장강도(MPa)

t : 재령(일)

a, b : 시멘트의 종류에 따라 다르며, 표 1의 값을 표준으로 한다. 한편, 고로 슬래그 시멘트 및 플라이애시 시멘트는 계수 a, b를 정할 수 있을 정도의 자료가 축적되어 있지 않으므로 과거의 실적을 참고하여 정한다.

c : 콘크리트의 건조 정도에 따라 다르지만 0.44를 표준으로 한다.

d_i : 재령 28일과 91일일 때의 콘크리트강도 보정계수

$d_i f_{ck}$: 재령 91일일 때의 설계기준 압축강도

표 1 계수 a, b의 값

시멘트의 종류	a	b	d_i
보통 포틀랜드 시멘트	4.5	0.95	1.11
중용열 포틀랜드 시멘트	6.2	0.93	1.15
조강 포틀랜드 시멘트	2.9	0.97	1.07
저열 포틀랜드 시멘트	16.2	0.82	1.40

또한, 온도응력을 추정하기 위해서는 재령의 영향을 고려한 콘크리트의 유효탄성계수를 적절히 정한다. 유효탄성계수는 콘크리트 부재단면 내의 평균탄성계수에 크리프, 응력이완 등에 의한 강성 저하를 고려한 것으로 한다. 이때, 유효탄성계수의 추정방법 대신에 더 간편하게 근사값으로 구하고자 할 때에는 식 (3)을 사용할 수 있다.

$$E_e(t) = \psi(t) \times 4.7 \times 10^3 \times \sqrt{f_{cu}(t)} \quad \cdots\cdots (3)$$

여기서, $E_e(t)$: 재령 t일에서의 유효탄성계수(MPa)

$\psi(t)$: 온도가 상승할 때 크리프 영향이 커짐에 따른 탄성계수의 보정계수

㉠ 재령 3일까지 : $\psi(t) = 0.73$

㉡ 재령 5일 이후 : $\psi(t) = 1.0$

㉢ 재령 3일에서 5일까지는 직선보간법으로 구한다.

$f_{cu(t)}$: 식 (1)로 구한 재령 t일의 압축강도 추정값(MPa)

11.3 온도응력해석

온도응력을 구하고자 할 때는 구조물에서의 균열 발생 가능성이 가장 큰 위치 및 재령에서의 온도응력을 계산하게 된다. 계산방법은 유한요소법과 같이 변형적합조건과 힘의 평형조건을 모두 만족하고, 콘크리트의 체적변화와 제반 역학적 특성을 고려할 수 있는 방법을 사용하는 것이 좋다.

유한요소법의 경우 요소분할의 정도, 해석영역의 설정, 경계조건의 설정, 구속체 및 피구속체의 선택 등에 따라 해석 결과가 달라지는 경우가 있으므로 필요한 정밀도를 얻을 수 있도록 과거의 해석 예에 충분히 주의를 기울여 이들을 설정하는 것이 중요하다.

온도응력은 새로 타설한 콘크리트 블록 내의 온도 차이만으로 발생하는 내부구속응력과 새로 타설한 콘크리트 블록의 온도에 의한 자유로운 변형이 외부적으로 구속되기 때문에 발생하는 외부구속응력이 있으며, 외부구속체가 경화콘크리트 또는 암반 등인 경우에는 구속체와 새로 타설한 콘크리트와의 경계면에서는 활동이 발생하지 않는 것으로 간주하여 그 구속효과를 산정하는 것을 원칙으로 한다.

일반적인 구조물에 대하여 더 간편히 온도응력을 계산하고자 할 때에는 근사계산 방법도 채택할 수 있다. 역시, 전 단원에서 열특성으로부터 얻어진 온도해석과 이번 단원의 인장도로부터 매스콘크리트에 작용하는 균열지수, 즉 온도응력의 해석이 가능해 질 수 있는데, 앞 단원과 마찬가지로 마이다스 젠 프로그램을 이용하여 온도응력을 해석한 결과는 그림 1~2와 같다.

이 그래프에서 표면부 및 중앙부는 각각 빨강 및 녹색선으로 나타낸 부분인데, 타설 후 70시간에 약 64 ℃의 중앙부 최고온도를 나타내었다. 이때 표면부의 최소 균열지수는 60시간 전후에 0.8 미만으로 나타나 균열발생확률은 80 %로 매우 높은 해석 결과치가 도출되었다.

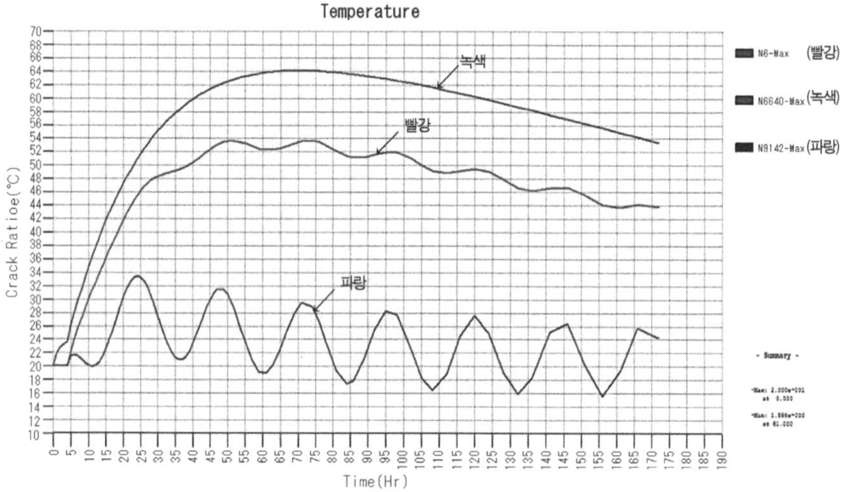

그림 1 온도응력해석에 의한 온도이력분포

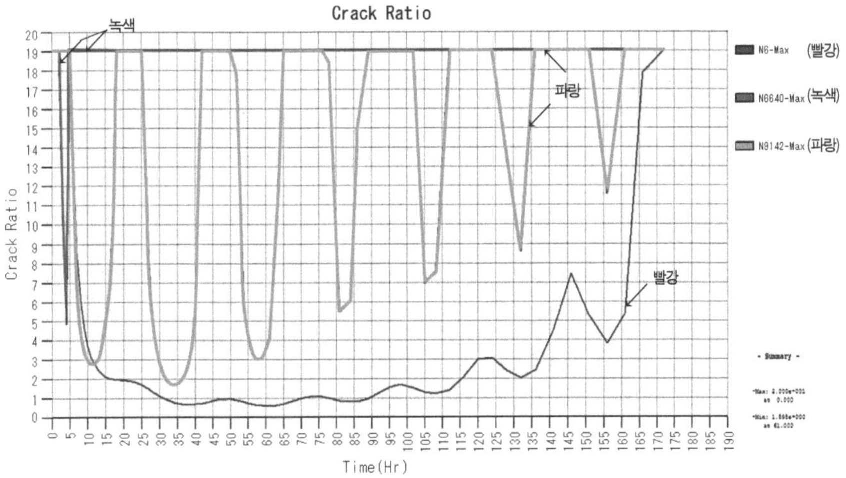

그림 2 온도응력해석에 의한 균열지수 산정

11.4 온도균열폭의 제어

기존의 실적으로부터 온도응력 및 온도균열 발생이 문제가 되지 않는다고 판단되는 경우나 온도응력으로부터 계산한 온도균열지수가 1.5 이상이면 별도의 온도균열제어 대책을 수립하지 않을 수 있다. 또한, 구조물의 내구성에 손상을 줄 수 있는 큰 폭의 유해한 온도균열을 철근에 의해 제어할 경우에는 먼저 기존에 배치된 철근으로 균열폭이 제어되는지 검토하고 철근량이 부족할 경우 추가의 온도철근을 배치하여야 한다.

12. 매스콘크리트의 시공

12.1 서 언

이전 단원에서는 매스콘크리트의 온도균열과 관련한 온도균열지수, 온도해석 및 온도응력해석 등에 대하여 고찰한 바 있다.

이번 단원에서는 이전 강좌의 연속으로 온도균열과 관련한 매스콘크리트 시공에 대하여 콘크리트 표준시방서의 내용을 중심으로 하여 소개해 보고자 한다.

12.2 시공계획

매스콘크리트의 시공은 콘크리트 구조물이 소요의 품질과 기능을 만족할 수 있도록 사전에 시멘트의 수화열에 의한 온도응력 및 온도균열에 대해 충분히 검토한 후 시공계획서를 작성하여야 한다. 매스콘크리트를 시공할 때 균열제어의 표준적인 방법으로는 그림 1에 나타낸 흐름도를 따를 수 있다.

매스콘크리트에서 온도균열에 대응하는 대책으로는 표 1과 같이 콘크리트의 온도저감, 온도응력 완화, 온도응력에 대한 저항력 증대 등 온도응력적인 측면에서 고려될 수 있다.

그러나 중요한 것은 균열 발생 방지대책 중 경제적으로 저렴하면서 간편한 방법을 가능한 범위 내에서 선택한 후 균열지수에 따른 균열발생 확률을 검토한 다음 시공계획을 확정한 후 실제 시공에 옮겨져야 할 것이다.

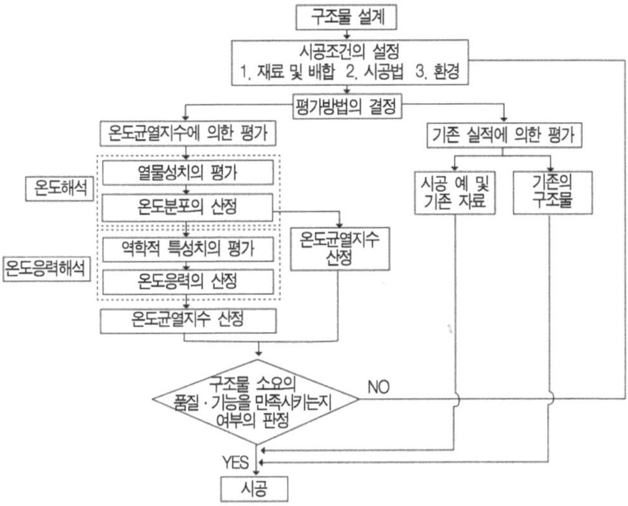

그림 1 균열발생 검토 흐름도

표 1 온도응력측면에서의 균열저감대책

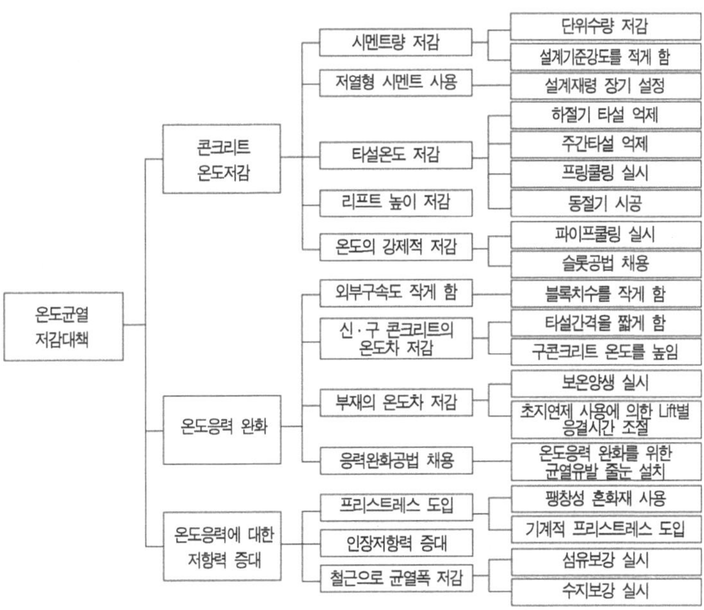

12.3 매스콘크리트 시공

(1) 재료

매스콘크리트에 사용하는 재료는 시공계획에서 확정된 재료를 사용하는데, 당연히 수화열발생을 낮출 수 있는 저발열계의 시멘트 및 혼화재 치환율 증가 등을 검토하게 된다. 골재는 굵은골재의 최대치수를 가능한 크게 하고, 사용용수는 가능한 온도를 낮추는 다양한 방법도 강구한다.

(2) 배합

매스콘크리트의 배합을 결정할 때에는 설계기준 압축강도와 소정의 워커빌리티를 만족하는 범위 내에서 콘크리트의 온도상승이 최소가 되도록 한다. 콘크리트의 발열량은 대체적으로 단위시멘트량에 비례하므로 콘크리트의 온도상승을 감소시키기 위해 소요의 품질을 만족시키는 범위 내에서 단위시멘트량이 적어지도록 배합을 선정한다.

(3) 거푸집

매스콘크리트의 거푸집은 온도균열 제어의 관점으로부터 그 재료 및 구조를 선정하고 존치기간 등을 결정한다. 매스콘크리트의 온도균열은 콘크리트 내부와 표면부의 온도 차이가 커지는 경우에 많이 발생하므로 거푸집은 온도 차이를 줄일 수 있도록 보온성이 좋은 것을 사용하고 존치기간을 길게 하여야 한다. 또한 탈형 후 콘크리트 표면의 급랭을 방지하기 위해서는 양생포 등으로 콘크리트 표면을 소정의 기간 동안 보온해 주어야 한다.

(4) 콘크리트 타설

매스콘크리트의 타설시간 간격은 균열제어의 관점으로부터 구조물의 형상과 구속조건에 따라 적절히 정하여야 한다. 온도변화에 의한 응력은 신구 콘크리트의 유효탄성계수 및 온도 차이가 크면 클수록 커지므로 신구 콘크리트의 타설시간 간격을 지나치게 길게 하는 일은 피하도록 한다.

매스콘크리트의 타설구획 크기와 이음 위치 및 구조는 온도균열 제어를 위한 방열조건, 구속조건과 공사용 배치플랜트의 능력이나 1회의 콘크리트 타설 가능량 등 시공할 때의 여러 조건을 종합적으로 판단하여 결정한다.

매스콘크리트의 타설온도는 온도균열을 제어하기 위한 관점에서 가능한 한 낮게 하여야 한다. 콘크리트 타설온도를 낮추는 방법으로 물, 골재 등의 재료를 미리 냉각시키는 선행 냉각방법이 있는데, 선행 냉각방법은 냉수나 얼음을 따로 혹은 조합해서 사용하는 방법, 냉각한 골재를 사용하는 방법, 액체질소를 사용하는 방법 등이 있다. 또한, 매스콘크리트를 넓은 면적에 걸쳐 타설할 경우에는 콜드조인트가 생기지 않도록 하나의 시공구간 면적, 콘크리트의 공급능력, 이어치기의 허용시간 등을 고려하여 시공순서를 정하여야 한다. 특히 기온이 높을 경우에는 콜드조인트가 생기기 쉬우므로 응결지연제의 사용, 타설 블록 크기의 감소 등의 대책을 고려한다. 매스콘크리트에서는 콘크리트를 타설한 후 침하가 커서 침하균열이 발생하는 경우도 있으므로 침하의 발생이 우려되는 경우에는 재 진동다짐 등을 실시하여야 한다.

(5) 수축이음

벽체구조물의 경우 온도균열을 제어하기 위해서는 구조물의 길이방향에 일정 간격으로 단면 감소 부분을 만들어 그 부분에 균열이 집중되도록 하고, 나머지 부분에서는 균열이 발생하지 않도록 하여 균열이 발생한 위치에 대한 사후 조치를 쉽게 하기 위해 수축이음을 설치한다. 계획된 위치에서 균열 발생을 확실히 유도하기 위해 수축이음의 단면 감소율을 35 % 이상으로 한다. 수축이음의 위치는 구조물의 내력에 영향을 미치지 않는 곳에 설치하며, 필요한 간격은 구조물의 치수, 철근량, 타설온도, 타설방법 등에 의해 큰 영향을 받으므로 이들을 고려하여 정한다. 균열 유발부는 누수 및 철근 부식이 일어날 가능성이 높으므로 시공 전에 이에 대한 대책을 세울 필요가 있으며, 설치 후에도 적당한 보수를 하여야 한다.

(6) 양생

매스콘크리트의 양생은 콘크리트의 온도변화를 제어하기 위하여 콘크리트 내부에 파이프를 배치하고 냉수를 순환시켜 냉각시키는 파이프쿨링 등 적정한 방법에 따라 실시한다. 또한, 콘크리트 온도를 가능한 한 천천히 외기온도에 가까워지도록 하기 위해 필요에 따라 콘크리트 표면을 버블시트 등 단열재로 보온하는 등의 조치를 강구한다.

매스콘크리트를 타설한 후 양생기간 중에는 콘크리트의 온도상승 속도, 최대온도, 강하속도, 온도분포 등 온도의 발현 특성이 사전에 예측한 값과 비교하여 큰 차이가 없는지 확인한다. 만약 예측값과 큰 차이가 발생한 경우에는 그 원인을 규명하고 적절한 조치를 취하여야 한다.

거푸집을 떼어낸 후에는 통상의 검사에 추가하여 콘크리트의 온도균열 검사를 실시하여 유해한 온도균열이 발생한 것으로 판단되는 경우에는 균열보수 등의 적절한 조치를 취하여야 한다.

사진 1 기초 매트 매스콘크리트 시공

13. 매스콘크리트의 응결시간차 공법

13.1 서 언

이전 단원에서는 매스콘크리트의 개요로부터 시공품질관리에 이르는 일련의 교과서적인 내용을 기술하였다.

그러나 이번 단원에서는 실무건설공사에서 우리나라에서만 존재하는 매스콘크리트의 수화열 균열이 존재함에 이를 해결한 내용으로 국토교통부 신기술 제353호인 '백설탕액, PEO 증점제, AE제를 일정비율로 혼합한 당류계 초지연제(슈퍼리에 : Superea)의 응결시간차를 활용한 수평분할타설 건축기초 매스콘크리트의 수화열 조정공법'에 대하여 소개하고자 한다.

13.2 문제 제기

오래 전 일이지만 레미콘사의 클레임 해결을 자문해주는 과정에서 기초매트 매스콘크리트의 수화열 균열 문제가 제기되어 현장을 방문한 적이 있다. 콘크리트 타설 후 다음날 심한 균열이 콘크리트 표면에 발생하였는데, 기초두께도 800 mm 정도로 그리 두껍지는 않았다. 늘 하던대로 사용재료, 배합, 시공과정, 양생 등 전 과정을 상세히 설명을 들었는데, 시공자의 설명중 "돌려치기"라는 말에 귀가 쫑긋 섰다.

즉 시공자는 800 mm 두께 전부를 한꺼번에 치면 침하균열이 발생하기 때문에 기둥과 보 및 슬래브의 침하균열을 막기 위해 시간차를 두고 돌려치는 것처럼(이 경우는 시간차가 2시간 이내임) 타설했던 내용을 설명하였다. 좀 더 구체적으로 타설 방법을 물었다. 하부를 $\frac{2}{3}$ 정도의 두께로 먼저 타설하고, 대략 6시간 뒤에 상부 $\frac{1}{3}$을 타설하였다라고 하는 것이었다. 결국 상하부의 타설 시간차가 문제를 일으킨 것인데, 이는 외국에서는 찾아볼 수 없는, 즉 기초매트 매스콘크리트를 돌려치기하는 우리나라에만 존재하는 특별한 균열인 것이다.

13.3 문제해결의 아이디어

매스콘크리트에 대한 교과서적인 설명은 그림 1의 i)에 설명하는 것과 같이 중심부 온도와 표면부 간의 온도차에 의하여 수화열 균열을 설명하고 있는데, 물론 이 경우는 상하부 동시타설의 경우이다.

그러나 만약 하부와 상부 간에 침하균열을 막기 위해 6시간의 차를 두었다면 그림 1의 ii)와 같은 상황이 발생하였다. 즉 하부는 먼저 타설하였으니 수화반응에 의하여 먼저 열이 나지만 상부는 6시간이 지난 후에 타설하였으므로 늦게 수화열이 발생하게 된다. 그러면 일반적으로 최고 중심부 수화열 온도와 표면부의 온도차 $\triangle H_0$보다 더 앞쪽에서 시간차에 의한 $\triangle H_1$이 존재하는데, 당연히 $\triangle H_1$이 $\triangle H_0$보다 더 큰 온도 차이를 나타냄으로써 더 큰 인장응력이 발생하게 됨을 의미한다. 또한 더 빠른 시간의 온도차는 다른 의미에서 콘크리트의 인장강도가 더 낮게 발휘된 조건을 의미한다. 따라서 전 단원에서 균열지수는 인장강도를 인장응력으로 나누어 구해지는데 결국 인

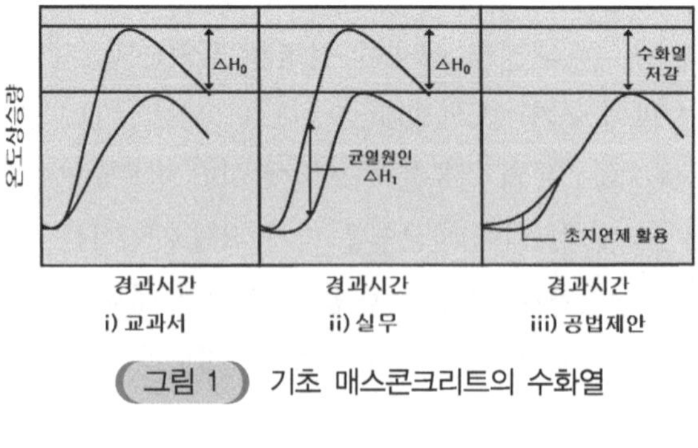

그림 1 기초 매스콘크리트의 수화열

장강도는 작고 인장응력은 커지게 되어 균열지수는 더 작아지므로써 균열발생 확률은 더욱 높아져 반드시 균열이 생길 수밖에 없는 상황이다. 그러므로 내부구속 수화열 균열의 경우 1~3일에서 균열이 발생하는 것으로 알려졌지만, 이 경우는 1일 이내로서 경우에 따라서는 6~12시간에도 균열이 발생하며, 균열폭 및 길이도 매우 크게 나타났다.

그렇다면 문제의 해결은 그림 1의 iii)과 같이 하부의 콘크리트를 먼저 타설하지만 지연제를 넣어주어 응결시간을 늦춰준 다음 상부타설 콘크리트와 동시에 수화반응이 진행되도록 한다면 돌려치기에 의한 침하균열 방지와 타설 시간차에 의한 수화열 균열도 동시에 해결할 수 있을 것이다.

13.4 공법 개발

상 · 하부 타설 콘크리트 간의 응결시간 차이를 없애는 핵심은 하부 타설 콘크리트의 응결시간을 지연시키는 것이다. 문헌에 의하면 응결시간을 지연시키는 화합물에는 유기 · 무기로 분류되고 또한 지연성능이 매우 약한 것, 약한 것, 강한 것 등으로 나누어져 50~60종이 보고되고 있었다.

따라서 최적의 지연제를 선택하기 위해 손에 쉽게 구할 수 있는 것, 그리고 무엇보다 저렴한 것을 구해 응결시간을 측정하게 되었다. 많은 실험결과 나름대로 결론을 얻었다. 그것은 Sucrose, 즉 설탕이었다. 물론 황설탕, 백설탕에 대하여도 시험해 보았는데 효과는 비슷한 반면 백설탕이 저렴하였다. 1 ㎥ 레미콘에 백설탕을 200~300 g만 넣어주어도 24시간 정도 수화가 정지되어 크게 응결이 지연되었다. 그러나 순수하게 설탕만을 콘크리트에 넣어주니 문제가 생겼는데, 블리딩이 많이 발생하였고, AE공기량이 없어지는 것이었다. 따라서 블리딩 문제는 증점제(다양한 종류 중에서 폴리에틸렌옥사이드 : PEO)로 해결하고, 공기량 저하문제는 AE제를 추가 첨가하여 해결함으로써 초지연제(Super Retading Agent : 상품명 슈퍼리에)를 개발하게 되었다. 이 경우는 온도와 사용량에 따라 응결시간이 달라지는데, 실무 활용을 위해 그림 2, 3과 같이 초지연제 혼입률과 종결시간 관계를 구하였다. 결국 실무 활용시에는 목표로 하는 종결시간에 맞추어 예상외기온에 따라 초지연제 첨가율을 산출할 수 있게 되었다.

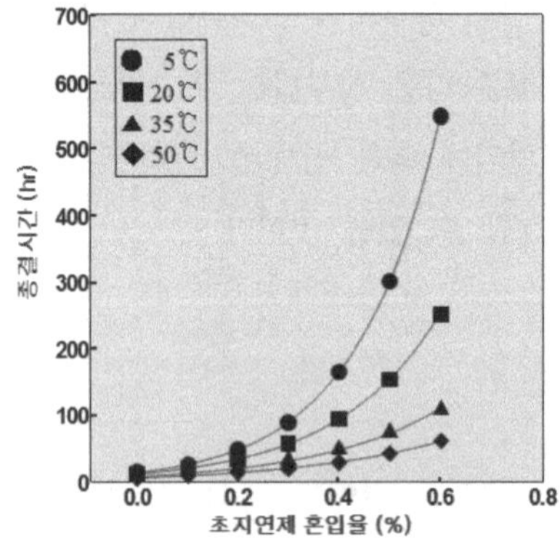

그림 2 초지연제 사용량에 따른 종결시간

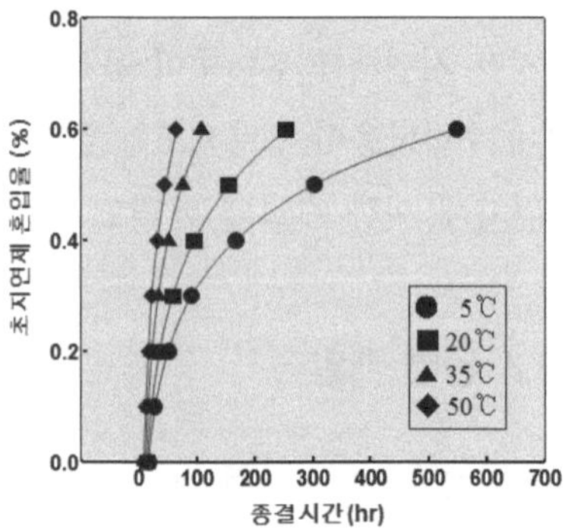

그림 3 종결시간에 따른 초지연제 사용량 결정

(2015년 10월 14일, 비즈니스 워치 기사 참고, 노명현 기자)

사진 1 해운대 위브더제니스 모습

14. 응결시간차 공법의 실무 적용 사례

14.1 서 언

이전 단원에서는 수평분할타설 건축기초 매스콘크리트의 응결시간차를 활용한 수화열조정공법(국토교통부 신기술 제353호)과 관련하여 문제제기에서부터 해결에 이르는 일련의 공법개발을 소개한 바 있다. 이번 단원에서는 전 단원의 연속으로 많은 적용 사례 중 가장 규모가 크고, 효과적으로 적용되었던 해운대 위브더제니스 현장에 대하여 소개하고자 한다.

14.2 현장상황

본 공법을 적용한 현장의 개요 및 건축물 조감도는 그림 1과 같다.

그런데 본 공법을 적용하게 된 건축물 매트기초는 두께 3.8 m이고, 1개동

◎ 공사개요

공 사 명	부산 해운대 위브 더 제니스 신축공사현장
공사기간	2007년 11월 26일 ~2012년 01월 31일
현장위치	부산 해운대구 우동 1407
대지면적	42 478 m^2
연 면 적	572 534 m^2
구 조	철근 콘크리트 구조, 철골 철근 콘크리트 구조
규 모	지하 5층, 지상 70~80층 (3개동)

◎ 조감도

그림 1 현장개요 및 조감도

에 한꺼번에 타설해야 하는 콘크리트량은 13,000 ㎥(3개동 및 주변부를 포함하면 대략 53,000 ㎥)이었다. 그러나 문제는 아무리 주변 레미콘을 총동원하여 콘크리트를 타설하더라도 1일에 타설 가능한 양은 7,000 ㎥ 전후, 부득이 1박2일에 걸쳐 타설해야 하는데, 유감스럽게도 해운대 지역은 고급 주택단지로 어떤 일이 있어도 야간에는 콘크리트 타설이 금지되어 있었다.

그렇게 되면 하부타설 콘크리트가 먼저 수화반응을 일으켜 저녁을 쉬고 다음날 타설한 콘크리트는 균열발생 확률 100 %로 반드시 균열이 발생하는 상황이었다.

따라서 가능한 모든 수단을 동원하여 균열을 방지토록 하였는데, 즉 2종 고로슬래그 시멘트에 플라이애시를 20 % 치환하는 저발열 배합, 600 mm로 설계된 슬럼프 플로를 500 mm로 낮추고, 28일로 되어 있는 관리재령을 하부의 경우 56일로 연장하며, 하부와 상부의 배합을 달리하는 수화발열량차 공법을 도입하고, 타설된 콘크리트 표면을 2중 버블시트로 단열양생하며, 하부를 지연시켜 상부의 응결시간과 일치시키는 신기술 제353호의 응결시간차 공법을 도입하는 등 다양한 방법을 적용하는 것으로 결정하였다. 그러나 이와 같은 여러 공법들이 과연 타당할지 이론적으로는 가능했지만 의문이 제기되어 Mock-up부재를 제작하여 확인하게 되었다.

14.3 Mock-up test

Mock-up 시험체는 높이가 3.8 m로서 지상에서 거푸집을 제작하여 몇 개의 변수로 실험하기에는 너무나 많은 돈이 소요되었다. 따라서 시험체는 땅을 파서 그림 2와 같은 3종류의 변수로 실험을 진행하였다. 실험모습은 그림 3과 같다.

또한 슬럼프 플로, 공기량, 압축강도 등 물성은 기본적으로 측정하고 내부 수화열온도도 계측했는데, 그 결과는 그림 4와 같다.

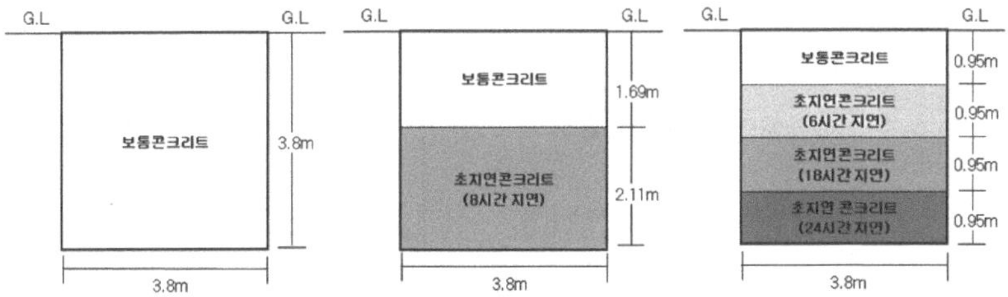

(a) 보통콘크리트 일체 타설 (b) 응결시간차 2단 타설 (c) 응결시간차 4단 타설

그림 2 실물대시험체 타설방법

초지연제 투입

콘크리트 타설

표면마감 작업

이중 버블시트 양생

그림 3 Mock-up 시험

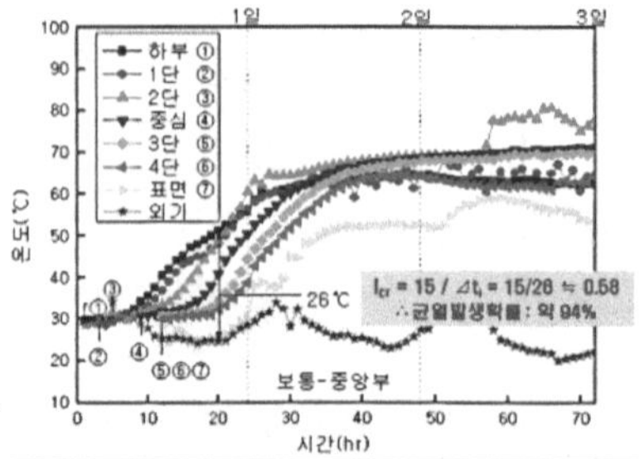

보통콘크리트 일체 타설의 수화열 온도이력(중앙부, 3일간 측정)

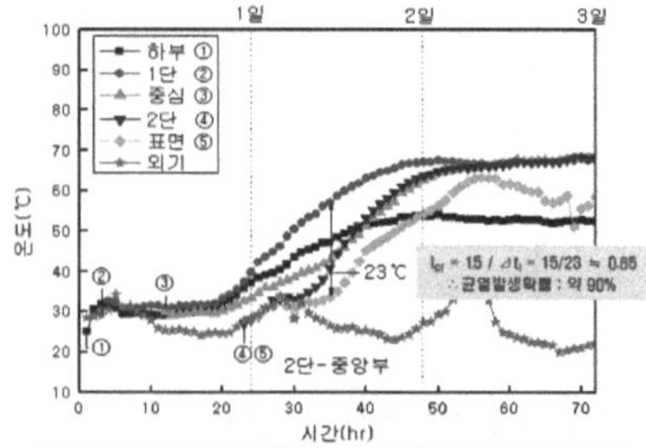

응결시간차 2단 타설의 수화열 온도이력(중앙부, 3일간 측정)

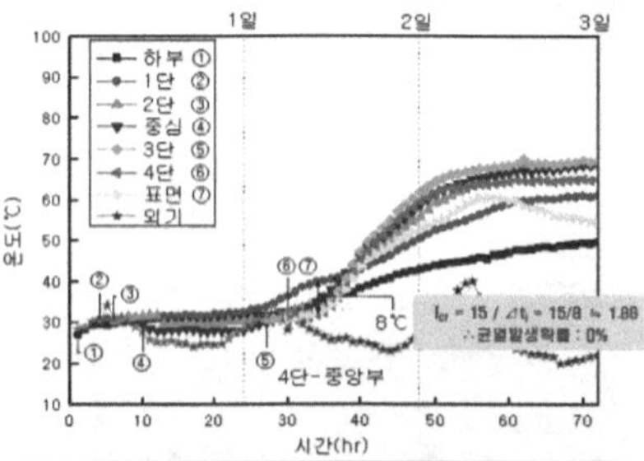

응결시간차 4단 타설의 수화열 온도이력(중앙부, 3일간 측정)

그림 4 수화열 온도이력

가장 이상적인 것은 4단타설이었지만, 시공의 번잡성 및 경제성 등을 고려하여 실제 적용에서는 하부를 8시간 지연하는 2단 타설방법을 결정하였다.

14.4 실구조타설

그림 5는 콘크리트 타설 후 버블시트 양생한 모습이며, 그림 6은 실구조체의 온도이력을 나타낸 것이다. 매스콘크리트 타설 후 양생이 완료된 다음 콘크리트 전면을 육안으로 조사한 결과 균열은 거의 없이 완벽한 결과를 도출하였다. 따라서 발주자, 시공자, 감리자 모두 대만족을 나타내었고 공법을 제안한 본인도 큰 보람을 얻게 되었다.

그림 5 콘크리트 타설 후 버블시트 양생

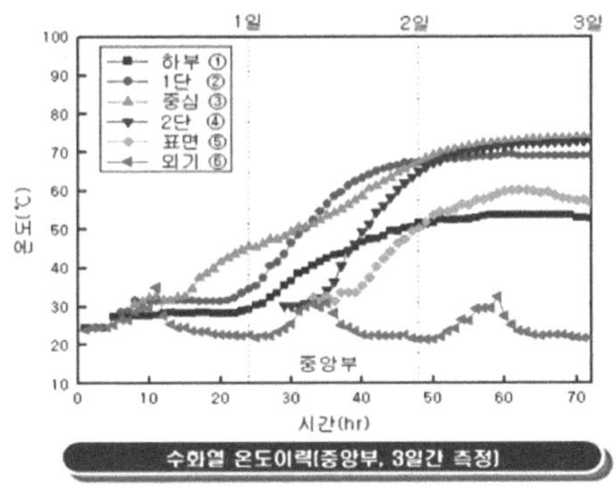

그림 6 실구조체 수화열 온도이력

* 한천구, 이재삼, 이종서 ; "초지연 콘크리트와 수평분리타설을 활용한 매스콘크리트 매트기초의 현장적용성", 대한건축학회논문집(구조계), Vol.26, No.5, 2010.5

15. 매스콘크리트의 상하부 수화발열량 및 시간차 조정공법

15.1 서 언

이전 단원에서는 매스콘크리트의 상·하부 타설 콘크리트 간의 시간차에서 발생하는 균열문제를 해결하기 위하여 하부타설 콘크리트에 백설탕을 주원료로 하는 초지연제를 혼입하여 지연시키는 응결시간차공법(국토교통부 신기술 제353호)에 대하여 원리 및 실무 적용 사례에 대하여 소개하였다.

본 단원에서는 전 단원보다 경제성을 고려하여 상향 개발된 상하부 수화발열량 및 시간차 조정공법인 국토교통부 신기술 제618호에 대하여 소개하고자 한다.

15.2 문제 제기 공법 개발

신기술 제353호 응결시간차공법의 경우는 백설탕을 주원료로 하는 초지연제를 이용함에 따라 고층 및 초고층과 같은 초대형 매트 매스콘크리트인 경우 유용성이 인정되나 중·저층에 이용되는 두께 0.8~2 m 규모의 매트 매스콘크리트인 경우는 몇 가지 문제점이 존재한다. 즉 초지연제를 사용함에 따라 제조비·투입비 등 추가비용이 소요되고, 초지연제 과다 투입 시 영원히 굳지 않을 수도 있다는 위험성이 존재하며, 세심한 콘크리트 제조 및 시공품질관리가 요구되는 점이다.

그러나 실무에서 2 m 두께 이하의 매스콘크리트인 경우는 대개 1일 이내에 타설이 가능하고, 상·하부를 구분하여 타설한다고 해도 상·하부 시간차는 4~6시간 이내로 마무리될 수 있다.

그렇다면 굳이 추가비용이 발생하고, 위험성도 있으며, 관리도 어려운 공법을 채택하기보다는 상 · 하부 타설 콘크리트 간의 배합만을 바꾸어주면 간단히 가능할 수 있지 않을까 하는 것이다.

그러므로 하부배합은 수화열 발생을 낮추고 응결시간을 지연시키고, 상부배합은 하부배합보다 상대적으로 수화발열량을 높이고 응결시간을 빨리 진행되도록 하여 상 · 하부가 동시에 수화발열이 이루어지게 할 수 있다.

따라서 본 연구팀에서는 물결합재비 및 석회석 미분말, 플라이애시, 고로슬래그 미분말의 광물질 혼화재별 치환율 변화에 따른 응결시간을 그림 1과 같이 실험적으로 구하였고, 물결합재비, AE제감수제의 표준형, 촉진형, 지연형의 형태별 광물질 혼화재 종류와의 조합에 의해 응결시간을 그림 2와 같이 구하였으며, 각 경우 대표적인 것에 대하여는 단열온도 상승량도 실험을 실시하였다.

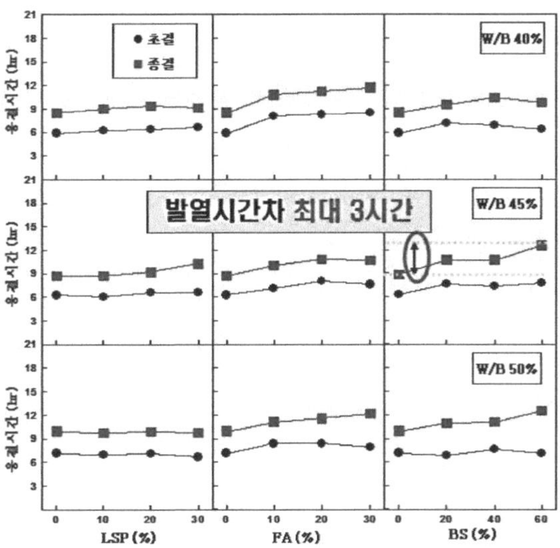

그림 1 광물질혼화재 종류 및 치환율에 따른 응결시간

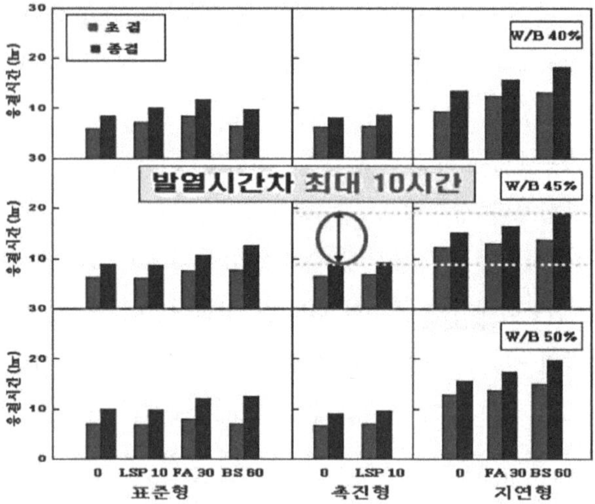

그림 2 광물질혼화재와 화학혼화제 조합시간에 따른 응결시간

실험결과 광물질 혼화재는 최대 3시간, 광물질 혼화재와 화학혼화제 조합 사용의 경우는 최대 10시간의 응결시간차가 발생함을 알 수 있었다.

따라서 우선 실험실에서 하부와 상부를 일체로 타설하는 경우 및 4시간의 차를 두고 하부와 상부의 배합을 동일 배합, 하부는 지연·상부는 상대적으로 촉진되는 10종류의 각종 변수를 실험하고 수화열 해석도 실시하였는데, 대표적인 실험결과 및 수화열 해석 결과는 그림 3, 4와 같다.

실험결과 그림 3과 같이 하부만을 플라이애시 30%를 치환하여 타설하고 상부는 OPC 100%를 사용하는 경우는 상·하부를 OPC 100%로 타설하는 경우보다 수화열도 8℃ 저감되었으며, 타설 초기 상·하부 간 수화열 온도 차이도 거의 없게 되어 수화열에 의한 균열 발생 확률을 낮출 수 있었다.

이와 같은 결과는 그림 4와 같이 수화열 해석에서도 동일하게 입증되었다.

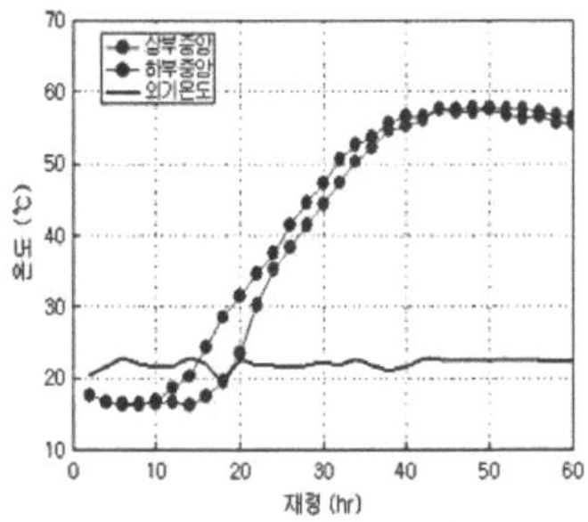

(a) 상하부 OPC 100 %

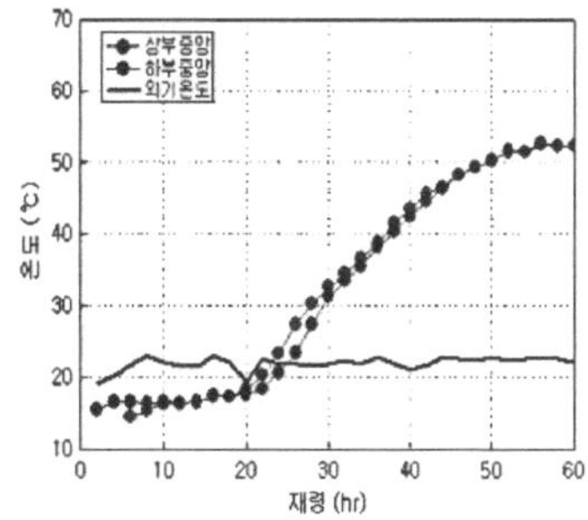

(b) 상부 OPC 100 %, 하부 플라이애시 30 %

그림 3 수화열 온도 실험 결과

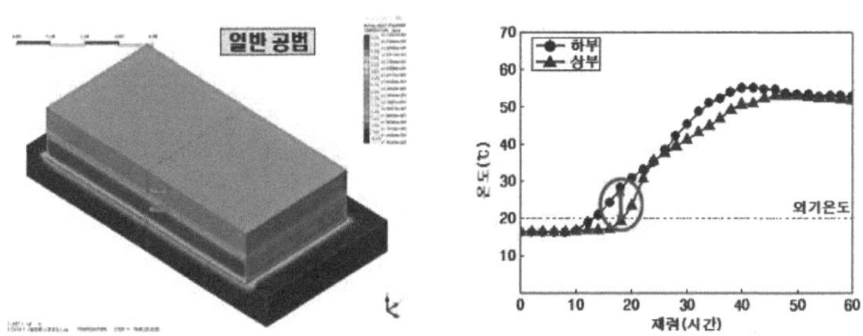

(a) 상하부 OPC 100 %의 경우

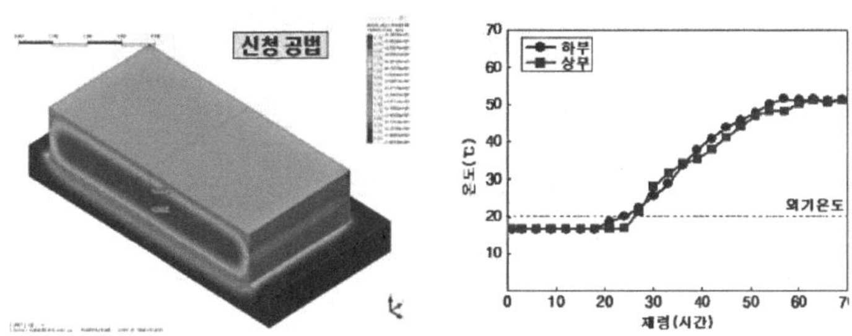

(b) 상부 OPC 100 %, 하부 플라이애시 30 %의 경우

그림 4 수화열 해석 결과

15.3 실무 적용 사례

위와 같은 결과에 의거하여 매스콘크리트 타설 전 시공계획서에 따라 공사규모별 콘크리트 타설 물량을 장비투입계획과 연관시키면 하부와 상부간 시간차를 구하게 된다.

그렇게 되면 하부 배합과 상부 배합 간에 광물질 혼화재의 종류 및 사용량, AE감수제의 표준형, 촉진형, 지연형 등과 연관시켜 컴퓨터상에서 수화열 해석을 실시할 수 있는데, 이렇게 하여 최적조합을 산출한 다음 이것을 실무 공사에 적용하면 최적의 수화열균열 억제공법이 완성될 수 있다. 실제 시공 사례는 무수히 많지만, 대표적인 사례를 소개하면 그림 5와 같다.

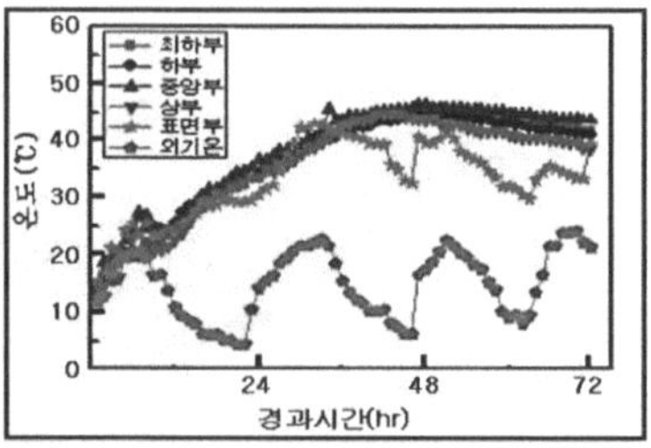

콘크리트 규격	매트기초 높이(mm)	콘크리트 최고온도	중심부와 표면 간의 온도차	온도균열 지수	온도균열 제어수준	28일 설계기준강도
25-24-150	1 200	47 ℃	9 ℃	1.66	균열발생을 방지한 경우	만족

그림 5 화성시 복합복지타운 신축공사 사례

IV 레미콘 품질관리

1. 콘크리트용 원자재 품질관리에 대한 개요
2. 분체계 원자재의 인수검사(Ⅰ)
3. 분체계 원자재의 인수검사(Ⅱ)
4. 분체계 원자재의 인수검사(Ⅲ)
5. 콘크리트의 품질 신속평가법 개요
6. 물리적 원리에 의한 품질 신속평가
7. 화학적 원리에 의한 품질 신속평가
8. 역학적 원리 및 기타에 의한 품질 신속평가
9. 설계에 있어 빈도(頻度)의 고려 문제
10. 콘크리트의 부재설계에서 안전율
11. 레미콘업계의 치킨게임 문제

1. 콘크리트용 원자재 품질관리에 대한 개요

1.1 서 언

이번 단원에서는 건설공사 현장이 아닌 레미콘공장에서 원자재가 반입되었을 때 인수(수입)검사를 실시하는 원자재 품질관리와 연관하여 개요 및 각종 원자재의 신속 인수검사법에 대하여 소개해 보고자 한다.

1.2 자재품질관리의 개념

레미콘공장에서 콘크리트를 제조하기 위하여 시멘트, 골재 및 혼화재료 등 필요한 원재료를 반입하여야 한다. 따라서 이와 같은 원자재를 반입하는 과정에서는 주문한 품질과 성능을 발휘하는지를 신속하게 확인하고(인수검사), 그 검사결과 적당한 품질이면 받아들이지만 적당하지 않다고 판정된 경우에는 재료의 개선, 재료의 반품 후 재반입으로 품질 변경 등의 적절한 조치를 취하여야 한다. 동시에 레미콘공장에서는 그 재료를 사용한 콘크리트가 구조물에 타설될 경우 소요의 목적을 달성할 수 있는지에 대해서도 반드시 확인해야 한다.

일례로 시멘트를 반입하는 경우는 구입자가 요구하는 사항 혹은 KS규격에 지정된 사항 등에 대하여 시멘트를 실은 벌크트럭에서 시료를 채취하여 즉시 확인한 다음, 품질에 문제가 없으면 사일로에 반입·저장하겠지만 그렇지 못하면 생산자에게 개선을 요구하여 시정케하거나 혹은 벌크차에 실린 채로 반품시킨 다음 올바른 품질로 재반입토록 하는 것이 품질관리의 기본이고 원칙인 것이다.

1.3 원재료에 대한 자재품질관리 규정

전술한 자재품질관리의 개념에 근거하여 레미콘용 원자재의 인수검사 방법은 2015년 7월 7일 이전까지는 "한국산업표준(KS) 인증심사기준(KS F 4009)"에 상세히 규정되어 있었다. 일례로 골재 부분은 양이 많고 KS 규격도 개정되었으므로 생략하고, 시멘트 및 혼화재료에 대하여 소개하면 표 1과 같다.

즉 검사방법에서 "검사항목에 대하여는 월 1회 이상 시험하여 품질을 확인하고 있어야 한다."라고 되어 있었다. 그러나 2015년 7월 7일 개정된 KS 인증심사기준에는 표 2와 같이 "한국산업표준(KS)에 따른 주요 자재명 및 자재별 검사항목을 사내표준에 규정하여야 한다."라고 정하고 있고, 비고란에는 "1. 자재는 한국산업표준(KS) 인증제품을 우선적으로 사용해야 하고, 한국산업표준(KS) 인증제품 또는 양질의 자재라고 인정될 때에는 자재를 공

표 1 한국산업표준(KS인증) 심사기준(KS F 4009) (2014년)

심사사항 / 주요자재명	구비요건			
	검사항목	자재품질기준	검사방법	이행사항
		자재의 품질기준은 생산제품의 품질이 한국산업표준(KS) 수준 이상으로 보증될 수 있도록 규정하여야 한다.	자재의 검사방법은 제품의 품질이 한국산업표준(KS) 수준 이상으로 보증될 수 있도록 한국산업표준에 규정된 품질관리기법을 활용하여 정하여야 한다.	사내표준에 따라 자재를 인수할 때의 품질검사(이하 이 표에서 "인수검사"라 한다) 및 자재관리를 하고, 자재를 관리하는 자가 그 결과를 활용하고 있어야 한다.
1. 시멘트	• KS L 5201, KS L 5210, KS L 5211 및 KS L 5401에 규정한 검사항목	• KS L 5201 (포틀랜드 시멘트), KS L 5210(고로 슬래그 시멘트), KS L 5211(플라이애시 시멘트) 및 KS L 5401 (포틀랜드 포졸란시멘트) 또는 이와 동등 이상의 품질이어야 한다.	• 검사항목에 대하여는 월 1 회 이상 시험하여 품질을 확인하고 있어야 한다.	

표 1 한국산업표준(KS인증) 심사기준(KS F 4009) (2014년)

심사사항 / 주요자재명	구비요건			
	검사항목	자재품질기준	검사방법	이행사항
3. 혼화재료	• KS F 2560, KS F 2561, KS F 2562, KS F 2563, KS F 2567 및 KS L 5405에 규정된 검사항목	• KS F 2560(콘크리트용 화학혼화제), KS F 2561(철근 콘크리트용 방청제), KS F 2562(콘크리트용 고로슬래그 미분말), KS F 2567(콘크리트용 실리카퓸) 및 KS L 5405(플라이애시)에 적합하거나 이와 동등 이상일 것.	• 검사항목에 대하여 월 1회 이상 시험하여 품질을 확인하고 있어야 한다. 다만, KS 인증제품이 아닌 때에는 플라이애시의 경우 강열감량, 고로슬래그 미분말의 경우 비표면적(분말도)은 일 1회 이상 시험하여 품질을 확인하고 있어야 한다.	

비고

• 혼화재료(팽창재, 플라이애시, 고로슬래그미분말, 실리카퓸 등)를 사용시에는 레미콘에 혼입할 혼화재료명, 사용량(치환율로 계산)을 구입자에게 확실하게 알리고 구입자의 승인을 사전에 얻어야 한다. 다만, 구두주문 또는 화급한 주문으로 계약서 등을 사전에 작성하기가 어려운 경우에는 구입자에게 레미콘에 혼입할 혼화재료명, 사용량(치환율로 계산) 및 시방배합을 레디믹스트 콘크리트 납품서(표 6)를 통해 구입자에게 확실하게 알리고 이를 관리하여야 한다.

급하는 업체의 시험성적서, 외부공인 시험기관의 시험성적서를, 자체 제조하는 경우에는 공정관리기록 등으로 인수검사를 갈음할 수 있다."라고 기술하고 있다.

따라서 현재 대부분의 레미콘공장에서는 시멘트·혼화재료 등 레미콘용 원자재 인수검사와 관련한 품질관리는 종전의 KS 인증심사기준을 준용한 사내표준으로 정하고 있는데, 이때 시험주기는 1개월에 1회로 자재를 공급하는 업체의 시험성적서로 갈음하고 있는 것이 현실이다.

표 2 한국산업표준(KS인증) 심사기준(KS F 4009) (2015년)

심사사항	심사기준
1) 검사항목	한국산업표준(KS)에 따른 주요 자재명 및 자재별 검사항목을 사내표준에 규정해야 한다. 다만, 주요 자재관리 목록(부품 모듈 및 재료 등)은 인증기관에 심사 전 제출하여 적정성을 확인받아야 하며, 심사 후에도 변경사항이 있을 경우 인증기관의 승일을 받아야 한다.
2) 자재 품질 기준	자재의 품질기준은 생산제품의 품질이 한국산업표준(KS) 수준 이상으로 보증될 수 있도록 규정해야 한다.
3) 검사방법	자재의 검사방법은 제품의 품질이 한국산업표준(KS) 수준 이상으로 보증될 수 있도록 한국산업표준(KS)에 규정된 품질관리기법을 활용하여 규정해야 한다.
4) 이행사항	사내표준에 따라 자재를 인수할 때에는 품질검사(이하 이 표에서 "인수검사"라 한다) 및 자재관리를 해야 한다.

〈비고〉

1. 자재는 한국산업표준(KS) 인증제품을 우선적으로 사용해야 하고, 한국산업표준(KS) 인증제품 또는 양질의 자재라고 인정될 때에는 자재를 공급하는 업체의 시험성적서, 외부공인 시험기관의 시험성적서, 부품을 자체 제조하는 경우에는 공정관리기록 등으로 인수검사를 갈음할 수 있다.
2. 인증을 받은 기업은 제품의 종류, 공정의 특수성 및 제조기술의 개발에 따라 자재를 대체 또는 생략하거나 검사항목을 늘리거나 줄일 수 있으며, 이러한 경우 변경 사항을 인증기관에 제출하여 승인을 받아야 한다. 변경사항을 인증기관에 제출하지 않고 자재를 대체하거나 생략한 경우, 인증기관은 해당 제품이 한국산업표준(KS)에 현저히 맞지 않은 것으로 간주하여 인증을 취소할 수 있다.

2. 분체계 원자재의 인수검사(I)

2.1 서 언

레미콘공장에 반입되는 원자재의 인수검사와 관련하여 전 단원에서는 자재품질관리의 개념과 원재료에 대한 자재품질관리 규정으로 시멘트, 혼화재료 등에 대하여 기술하였다.

본 단원으로부터 몇 회는 전 단원의 연속으로 원자재 중 분체로 이루어진 시멘트, 플라이애시(FA), 고로슬래그 미분말(BS)을 대상으로 새로운 인수검사법에 대하여 기술해 본다.

2.2 시험 · 검사의 개요

본래 품질관리의 기본개념에서 시험이란 "샘플 또는 시험편에 대하여 물리 · 화학적 방법으로 변화를 일으키게 하여 그 특성을 조사한 다음 데이터를 내는 것"이고, 검사란 "시험결과를 토대로 개개 물품의 양 · 불량 또는 로트(lot)의 합격 · 불합격을 판정하는 것"을 말한다.

그런데 검사의 분류로는 표 1과 같이 목적, 장소, 성질, 방법, 항목 등에

표 1 검사의 분류

분류	목적	장소	성질	방법	항목
내용	• 인수검사 • 공정검사 • 제품검사	• 정위치검사 • 순회검사 • 출장검사	• 파괴검사 • 비파괴검사 • 관능검사	• 전수검사 • 로트별 샘플링검사 • 관리샘플링검사 • 무검사 • 자주검사	• 수량검사 • 외관검사 • 치수검사 • 중량검사 • 성능검사

표 2 검사의 목적

① 다음 공정이나 고객에게 불량품이 넘어가는 것을 방지한다. ② 품질정보를 제공한다. ③ 작업자에게는 품질의욕을 자극하고, 고객에게는 제품에 대한 안심감을 준다.

표 3 품질의 기능단계

■ 검사의 표준의 설정 ■ 제품의 측정 ■ 표준과 측정결과의 비교 ■ 양 · 불량 또는 합격 · 불합격의 판정 ■ 제품의 처치 ■ 품질정보의 제공

의해 분류되는데, 이와 같은 검사의 목적은 표 2와 같다. 또한, 품질의 기능단계로는 표 3과 같이 진행되어 이루어진다.

따라서 레미콘공장에서 실시하는 인수검사의 경우는 전수검사로 파악하면서 대부분 로트별 샘플링검사로 합격 · 불합격을 판정하도록 되어있다.

그런데 이때 전수검사는 거의 하지 않고, 로트별 샘플링 검사로서 로트는 전 단원에 기술한 바와 같이 사규에 의하는 것이 원칙이지만, 대부분 종전 레미콘 심사규준을 참조하여 1개월간 반입한 양으로 하여 1회 이상의 시험을 실시한다. 시험항목과 방법으로는 KS 규격의 모든 항목이 되고, 방법은 자체시험이나 공인시험기관에 의뢰하여 시험하기도 하지만 대부분은 납품자가 제시하는 성적서에 의하거나, 경우에 따라서는 제조자의 홈페이지에서 다운받아 복사하여 월 1회 비치하는 것으로 갈음하는 것이 현실이다.

2.3 현행제도의 문제점

KS규격 범위에서 전수검사를 하지 않고도 안정적으로 양호하게 생산되어 납품됨으로써 월 1회 이상 시험의 로트별 샘플링검사로 품질을 확인하는 정도이면 특별히 문제삼을 필요는 없지만 현재 우리나라의 상황은 그렇게 녹록하지 않다.

먼저, 시멘트이든 FA, BS의 경우 품질변동이 크다는 것이다. 먼저 시멘트의 경우는 겨울철과 여름철의 경우 계절환경에 대응토록, 즉 겨울에는 시멘트 입자를 좀 더 미세하게 하여 저온에서 강도발현을 용이하게, 반대로 여름철에는 좀더 굵은입자로 하여 풍화 등에 대비하여 분쇄하는 분말도 조정 등이 있다.

혼화재로 FA의 경우는 원탄의 품질에 따라 또는 화력발전소의 운전상태에 따라 미연소 탄분의 혼입 정도가 다르고, 경우에 따라서는 정제처리를 하지 않고(차같이에 대한 언론보도도 있었음) 출하하는 사례도 있으므로 품질변동이 크다. BS의 경우도 분쇄 정도는 곧 에너지 소모이므로 제조회사의 운전조건에 따라 차이가 있고, 최근에는 단순히 고로슬래그만의 분쇄가 아니라 첨가물도 다양해진다는 소식도 접하고보면 분체계 원재료의 품질변동은 간과할 수 없는 수준이다.

최근에는 레미콘의 품질관리 수준도 변화하고 있다. 매일 입고되는 분체계 원자재의 품질을 확인하고 그에 대처할 필요성이 제기되고 있다. 즉 분말이 미세하면 강도발현이 용이하고, 콘크리트의 점성증가와 아울러 FA의 경우는 미연소 탄소량도 적어질 수 있으므로 최소한도의 분말도 품질 정도는 확인해 볼 필요가 부각되고 있다.

따라서 건축공사 표준시방서 1994년판 이후부터 골재 및 콘크리트에는 육안검사가 규정되어 전수검사 개념을 도입하고 있는데, 시멘트, FA 및 BS 등 분체 재료도 입고시마다 손으로 만져보는 등 전수검사가 필요한데, 손 감각만으로도 소위 도사(품질검사의 달인)는 가능할 수 있지만 이와 같은 감각

사항을 정량화할 수는 없는 일이다. 따라서 간단한 장비로 최소한도의 시험을 실시한다면 입고되는 분체계의 미세한 변동도 품질관리에 반영할 수 있고, 만약 입고된 분체에 중대한 품질 결함이 있는 경우는 하자책임을 납품자에게 요구하는 분명한 증거로도 활용이 가능할 수 있을 것이다.

2.4 방법의 제안

상기와 같은 현행제도의 문제점에 대한 보완으로 필자는 1980년대 중반 콘크리트 강도의 조기추정법에 이용했던 메스실린더와 액체밀도계(Hydrometer)를 이용하는 비중계법을 변형하여 분체재료의 분말도 신속평가법을 제안하고자 한다.

그림 1 메스실린더 용량 변화실험

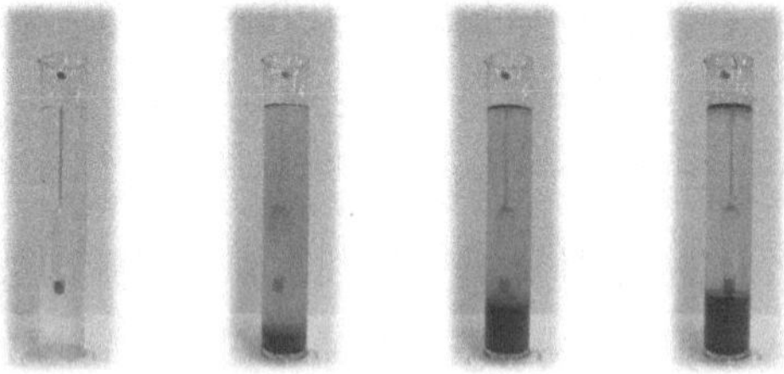

그림 2 시료 사용량 변화실험

실험원리로는 제II권 II-19(콘크리트의 표면박리)에서 표 1. "입자 크기에 따른 침하속도"의 내용과 같다. 즉 물과 같은 액체 속에서 동일밀도를 갖는 크고 작은 입자가 동시에 침하한다고 가정하면 입자직경의 4/3 · r에 비례하여 침하속도를 나타내는 원리를 이용하는 것이다.

결국, 분말도가 커서 미세한 입자라면 메스실린더에 혼탁액화된 물 속에서 서서히 가라앉아 액체 밀도계를 띄워 일정한 시간에 밀도값을 측정할 경우 큰 값을 나타낼 것이고, 그 반대로 분말도가 작아 굵은입자로 구성되었다면 작은 값의 밀도를 나타낸다. 따라서 분체 재료의 분말도는 액체밀도계의 밀도 차이로 나타나게 되는데, 이와 같은 상관관계로부터 분체 재료의 분말도를 매번 입고시마다 10분 이내에 평가할 수 있게 된다.

그렇다면 메스실린더는 얼마 용량, 액체밀도계는 어떤 것을, 시료는 얼마를 사용해야 하는지와 관련하여 FA를 이용하여 실험한 결과는 그림 1~2와 같다.

실험결과 메스실린더는 1000 cc로, 액체밀도계는 길이 310 mm(A Type) 6호(밀도측정범위 1.000~1.060), 시험시료는 100 g이 최적으로 제안되었다.

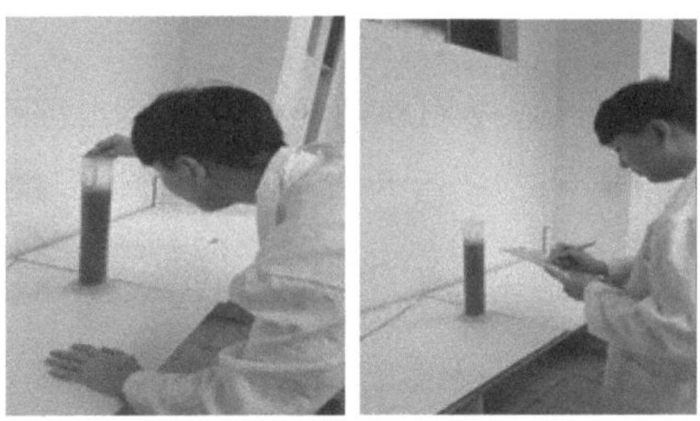

사진 1 액체밀도계 실험

3. 분체계 원자재의 인수검사(Ⅱ)

3.1 서 언

레미콘공장에서 실시하는 인수검사와 관련하여 지난 단원까지는 자재품질관리 규정 및 검사의 개요, 현행제도의 문제점 및 개선방법의 제안 등에 대하여 기술하였다.

이번 단원에는 이전 단원의 연속으로 인수검사 중 전수검사와 관련한 새로운 제안방법으로 여러 분체계 원자재 중 플라이애시(FA)를 중심으로 실제 FA정제 공장라인으로부터 각종 시료 샘플을 채취하여 제시된 성적서상 분말도와 비중계법 혼탁액의 밀도치를 회귀분석함으로써 분체계 원자재 분말도 품질의 신속평가 가능성을 제시하고자 한다.

3.2 사용재료 및 실험방법

FA정제 공장으로부터 FA 원분(Ra)과 FA원분을 정제한 정분(Rf), 정제 후 폐기되는 리젝트(Rj)를 구한 다음, Ra와 Rf를 반반씩 혼합한 Rfa, Ra와 Rj를 반반씩 혼합한 Raj로 표 1과 같은 5수준을 이용하여 실험하였다.

표 1 FA의 물리적 성질

구분	기호	밀도(g/cm^3)	분말도(cm^2/g)	강열감량(%)
FA 정분	Rf	2.20	3 810	3.3
FA 정분+원분	Rfa	2.19	3 730	5.5
FA 원분	Ra	2.18	3 650	7.6
FA 원분+리젝트	Raj	2.22	3 325	6.3
FA 리젝트	Rj	2.25	3 000	5.0

본 실험의 비중계법 혼탁액 밀도측정은 그림 1과 같다. 즉 이전 연구의 결과를 참조하여 1 000 cc 메스실린더에 100 g의 FA를 넣은 다음 물을 1 000 cc까지 채워 넣고, 입구를 밀봉한 후 상하를 뒤집어 흔들어 주는 진동을 주어 1 분에 15 회 반전시킨다. 혼탁액 제조가 완료된 후 메스실린더를 정치시키고 혼탁액 중앙에 밀도계를 띄워 매 1 분 간격으로 밀도를 측정한다.

3.3 실험결과 및 분석

상기의 실험결과 얻어진 FA 종류별 경시변화에 따른 액체밀도계의 혼탁액 밀도는 그림 2와 같다. 이때 8 분 경과된 시점에서의 모습은 그림 3과 같다.

역시 이론과 같이 굵은입자의 Rj는 밀도계가 먼저 저하하고, 양호한 품질의 Rf는 서서히 저하하였다. 따라서 이와 같은 관계로부터 1 분부터 5 분까지 매 1 분 간격으로 비중계법 혼탁액 밀도치와 FA 종류별 분말도의 상관관계를 나타내면 그림 4와 같다.

1 분과 같은 빠른 시간일수록 상관성이 높고, 늦은 시간일수록 낮아지는 경향이지만, 1, 2 분의 경우는 분말도간 혼탁액 밀도치 차이가 적어 오차가

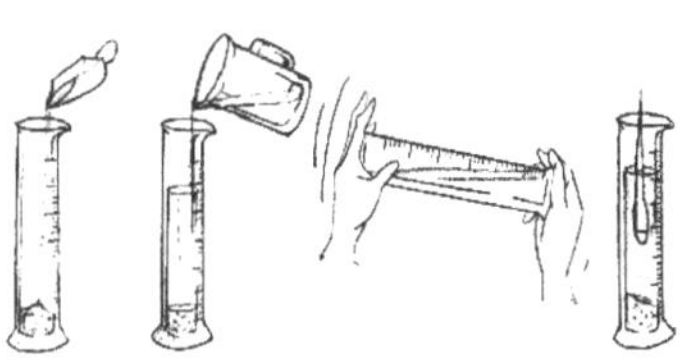

그림 1 실험방법

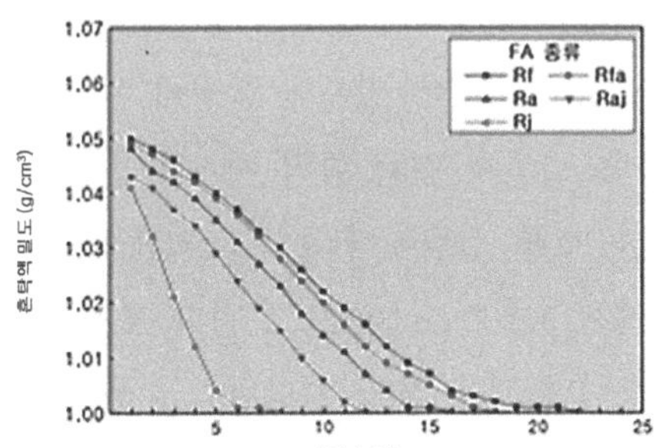

그림 2 FA종류별 시간경과에 따른 혼탁액밀도치 변화

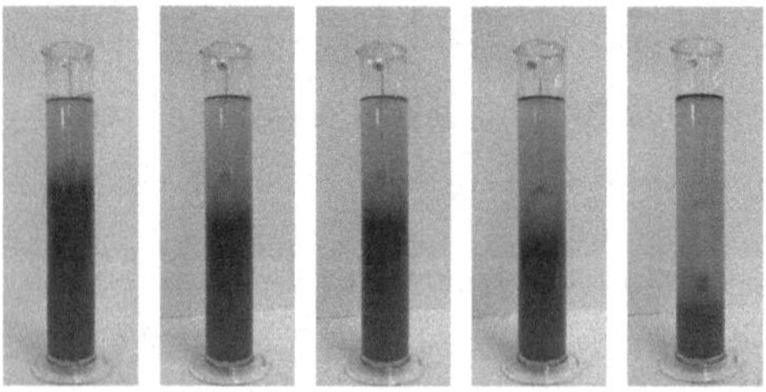

그림 3 FA 종류별 8분 경과시의 모습

내재하기 쉬움에 따라 3분에서의 혼탁액 밀도와 분말도 간의 관계를 이용하는 것을 추천하고자 한다.

3.4 종합분석 및 결론

본 연구는 콘크리트 강도 조기 추정법에 활용되었던 비중계법의 원리를 이용하여 FA의 분말도 신속평가 가능성을 분석하였다. 분석결과 종전의 분말도 측정 방법인 블레인 공기투과장치보다 충분한 데이터로 신뢰성이 검증된다면 FA 수입검사에서 본 제안 방법이 양호하게 적용될 수 있음을 알 수 있었다.

단, FA에 대한 분말도 규정은 KS L 5405 2종의 경우에 3 000 cm^2/g 이상으로 규정되어 있음에 품질에 문제가 있는 원분뿐만 아니라 Reject된 FA까지도 2종에 걸쳐 합격 평가를 받을 수 있는 상황이다. 따라서 정제된 양호한 FA를 실무에 활용하기 위해서는 FA 분말도의 품질 규격을 3 000 cm^2/g에서 3 500 cm^2/g 으로 상향 조정할 필요가 있다.

이럴 경우 본 시험방법의 3분 혼탁액 밀도 값으로는 1.038 이상으로 관리하게 되면 양호한 FA의 분말도 품질이 확보될 수 있을 것으로 사료된다.

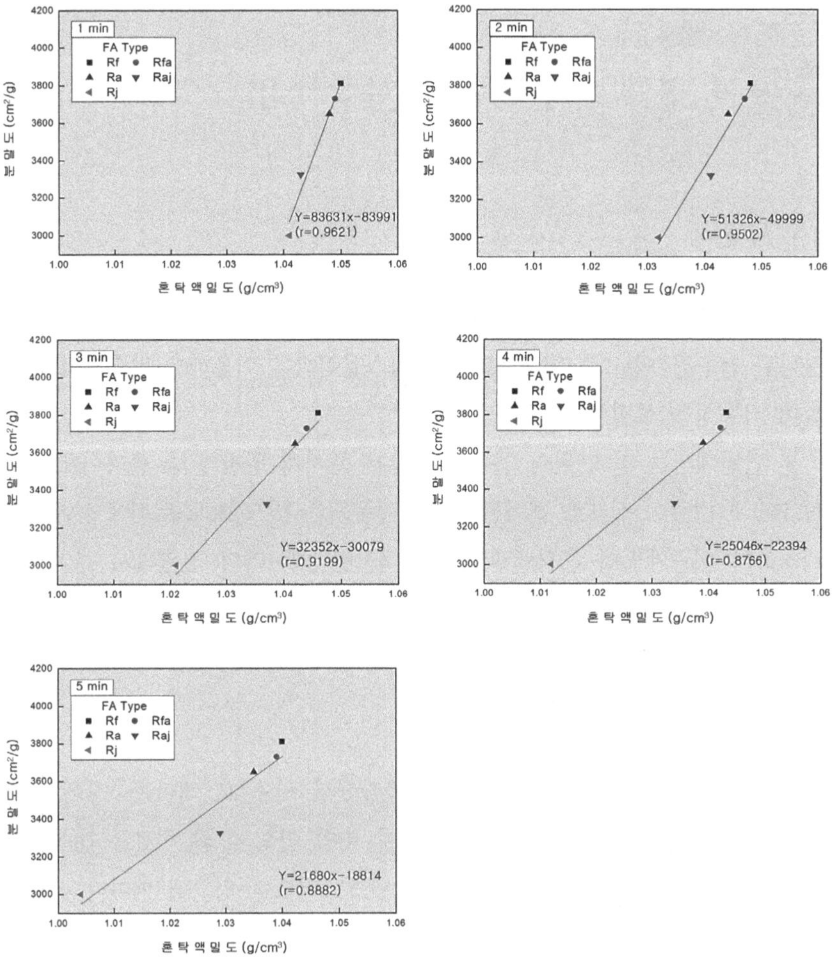

그림 4 혼탁액밀도와 분말도 간의 상관관계

4. 분체계 원자재의 인수검사(Ⅲ)

4.1 서 언

레미콘공장의 원자재 인수검사와 관련하여 이전 단원에서는 신속하고 정량화된 전수검사법으로 액체밀도계와 메스실린더를 이용하는 비중계법에 대하여 가능성을 설명한 바 있다.

본 단원에서는 전 단원의 연속으로 많은 분체계 원자재 중 플라이애시(이하 FA)에 대하여 실제로 레미콘공장에 납품되는 벌크(Bulk)트럭에서 시료를 채취하여 비중계법의 혼탁액밀도와 성적서상 데이터의 상관관계 분석으로 인수검사 중 신속품질관리의 한 방법을 제시하고자 한다.

4.2 시료채취 및 납품성적서

본 연구의 FA는 국내의 모 FA 정제공장에서 서울 모 레미콘공장에 납품되는 2016년 2월 15일부터 3월 25일까지 40일 간의 27회 시료를 대상으로 하였다. 이때에는 그림 1과 같이 FA가 벌크트럭으로 입고될 때마다 시료를 채취하여 비중계법으로 전 단원에서 기술한 현탁액밀도를 측정하도록 하였고, 매 차마다 품질에 대한 성적서도 함께 받아 통계분석에 이용하였는데, 그림 2는 본 분석에 사용한 FA 성적서의 일례이고, 27회 성적서의 물리·화학적 성질을 종합하면 표 1과 같다.

그림 1. FA의 시료채취

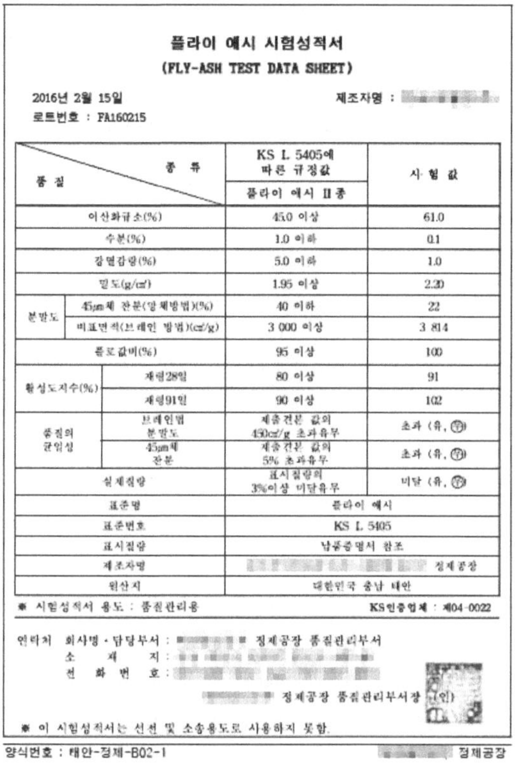

플라이 애시 시험성적서
(FLY-ASH TEST DATA SHEET)

2016년 2월 15일 제조자명 : [illegible]
로트번호 : FA160215

품질 \ 종류		KS L 5405에 따른 규정값 플라이 애시 II종	시험값
이산화규소(%)		45.0 이상	61.0
수분(%)		1.0 이하	0.1
강열감량(%)		5.0 이하	1.0
밀도(g/㎤)		1.95 이상	2.20
분말도	45㎛체 잔분(망체방법)(%)	40 이하	22
	비표면적(브레인 방법)(㎠/g)	3 000 이상	3 814
플로값비(%)		95 이상	100
활성도지수(%)	재령28일	80 이상	91
	재령91일	90 이상	102
품질의 균일성	브레인법 분말도	제출견본 값의 450㎠/g 초과유무	초과 (유, 무)
	45㎛체 잔분	제출견본 값의 5% 초과유무	초과 (유, 무)
실제질량		표시질량의 3%이상 미달유무	미달 (유, 무)
표준명		플라이 애시	
표준번호		KS L 5405	
표시질량		납품증명서 참조	
제조자명		[illegible] 정제공장	
원산지		대한민국 충남 태안	

※ 시험성적서 용도 : 품질관리용 KS인증업체 : 제04-0022

연락처 회사명 · 담당부서 : [illegible] 정제공장 품질관리부서
소 재 지 : [illegible]
전 화 번 호 : [illegible]

[illegible] 정제공장 품질관리부서장 (인)

※ 이 시험성적서는 선전 및 소송용도로 사용하지 못함.

양식번호 : 태안-정제-B02-1 [illegible] 정제공장

그림 2 FA의 시험성적서

4.3 비중계법 혼탁액 밀도 품질관리

FA가 레미콘공장에 납품되었을 때 채취된 시료로부터 비중계법을 적용하여 측정한 혼탁액 밀도값의 $\overline{x}$-R 관리도 및 27회분을 히스토그램으로 분석하면 그림 3 및 4와 같다.

전 단원에서 언급한 바와 같이 혼탁액 밀도를 1.038 이상으로 관리하는 것이 바람직함을 제안하였는데, 27회 모두의 시료는 평균값이 1.0412이고, 최저치는 1.038로 양호한 분포임을 알 수 있었다.

표 1　납품시 제출받은 FA 성적서의 집계표

일자 (월, 일)	SiO_2 (%)	수분 함유량 (%)	강열감량 (%)	밀도 (g/cm^3)	45μ m체의 잔량 (%)	분말도 (cm^2/g)
02.15	61.0	0.1	1.00	2.20	22	3 814
02.17	61.0	0.1	0.80	2.19	21	3 818
02.18	61.0	0.1	0.80	2.18	22	3 806
02.19	61.0	0.1	0.90	2.19	22	3 799
02.20	61.0	0.1	0.90	2.19	20	3 801
02.22	61.0	0.1	1.20	2.20	22	3 794
02.23	59.7	0.1	3.88	2.21	25	3 738
02.24	61.0	0.1	1.10	2.18	20	3 775
02.26	61.0	0.1	2.00	2.20	22	3 762
02.29	61.0	0.1	1.70	2.21	24	3 788
03.01	59.7	0.1	1.50	2.19	24	3 682
03.03	59.7	0.1	2.20	2.20	22	3 694
03.04	59.7	0.1	2.60	2.22	25	3 703
03.07	59.7	0.1	3.20	2.21	22	3 696
03.08	59.7	0.1	3.00	2.21	21	3 705
03.09	59.7	0.1	3.40	2.22	23	3 714
03.10	59.7	0.1	3.23	2.21	23	3 795
03.11	59.7	0.1	4.27	2.21	23	3 761
03.14	59.7	0.1	2.96	2.19	23	3 806
03.15	59.7	0.1	2.97	2.19	23	3 810
03.16	59.7	0.1	2.86	2.20	23	3 798
03.17	59.7	0.1	3.41	2.21	23	3 781
03.21	59.7	0.1	4.14	2.19	25	3 826
03.22	59.7	0.1	4.00	2.20	25	3 721
03.23	59.7	0.1	3.88	2.21	25	3 738
03.24	59.7	0.1	3.49	2.20	25	3 705
03.25	59.7	0.1	4.11	2.19	25	3 689

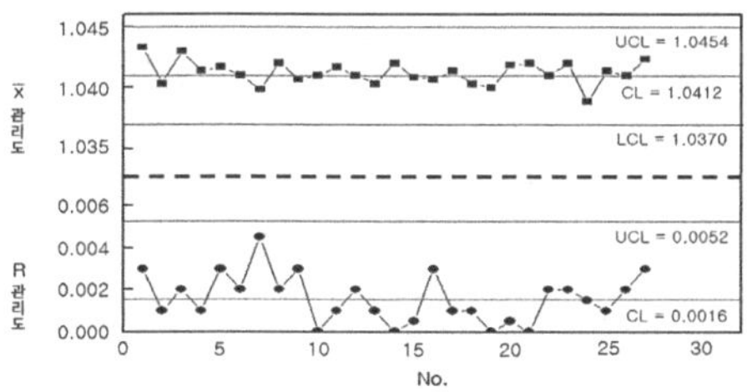

그림 3 입고된 FA를 비중계법 혼탁액 밀도로 관리한 $\bar{x}$–R 관리도

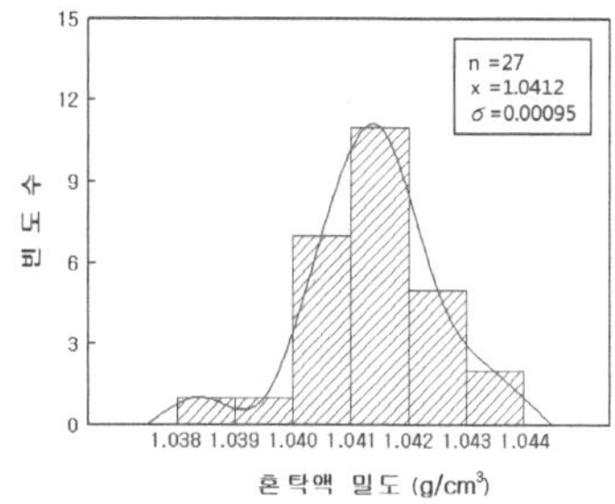

그림 4 혼탁액 밀도의 히스토그램

4.4 성적서의 검토 및 혼탁액 밀도와의 상관관계

27회 납품분의 시험 성적서를 집계한 것이 표 1이다. 그림 2와 같이 한번 한번 제출되는 시험 성적서는 특별히 이상한 점을 발견하지 못했지만 표 1과 같이 27회분을 하나의 표에 정리하다보니 몇 개의 문제점이 제기되었다.

먼저 FA는 매입고 시마다 품질변동이 존재할 것으로 추측됨에도 불구하고 수분 함유량은 27일간 모두 0.1 %인 하나의 데이터였고, SiO_2는 61.0 %와 59.7 %인 두 개의 데이터뿐이었다. 이는 정밀도의 문제일 수도 있지만 아마도 한 달에 1~2회 실험하고, 그 데이터를 계속 활용하는 시스템이거나 혹은 실험을 하지 않고 어떤 값을 적어주는 것에 기인한 것으로 사료된다. 또한 FA 밀도와 45 μm체 잔분량의 경우는 전 측정값이 5개 혹은 6개 그룹으로 나누어지는데, 이는 유효숫자 자릿수를 너무 작게 마무리함에 기인한 것으로 신뢰도를 높이기 위해서는 유효숫자 자릿수를 늘릴 필요가 있는 것으로 분석된다.

강열감량(L.O.I)과 분말도(Blaine)는 정상적인 데이터로 분포되었는데, 특히, 분말도의 경우는 비중계법 혼탁액 밀도값과의 상관성은 그림 5와 같다.

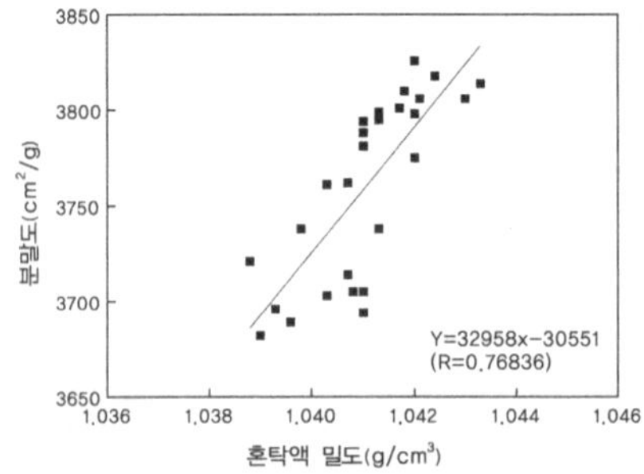

그림 5 혼탁액 밀도와 분말도 간의 상관관계

4.5 혼탁액 밀도와 FA 품질의 상관관계

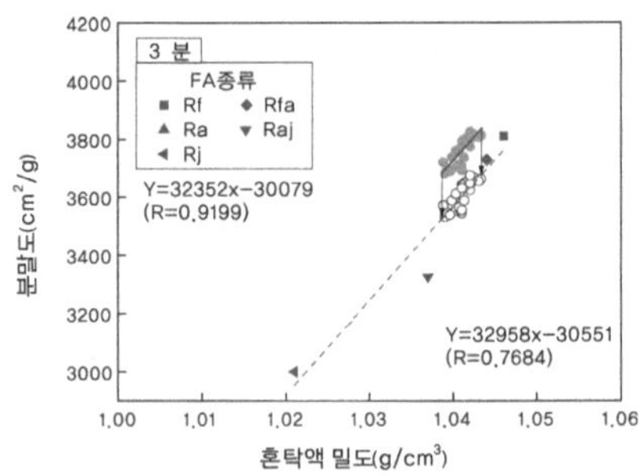

그림 6 혼탁액 밀도와 분말도간 상관관계의 선행연구와 비교

그림 6은 비중계법 밀도값과 FA 분말도를 분석한 그림 5를 이전 연구에서 정분, 원분, Reject ash 및 상호 혼합한 경우의 비중계법 혼탁액 밀도값과 비교하여 나타낸 것이다. 금번의 연구 결과는 종전 연구와 기울기는 비슷하지만 윗쪽으로 이동된 모습을 나타내고 있다. 이와 같은 원인은 이전 연구실험이든 본 연구실험이든 비중계법의 측정방법은 동일하였음에 동일비중계 밀도축으로 이동시켜보면, 결국 이 경우는 금번 실무 레미콘에 이용된 27개 데이터는 정제되지 않은 원분의 편차범위에서 품질이 나타난 것으로 분석된다. 즉 이는 종전에 언론에서 문제시된 바와 같이 정제를 하지 않은 것인지 혹은 정제를 거쳤더라도 소량의 Reject ash만을 제거하여 의미 없는 정제였는지 알 수 없지만 정제된 정분 FA품질보다는 부족한 품질임을 알 수 있다.

5. 콘크리트의 품질 신속평가법 개요

5.1 서 언

우리나라 대부분의 건설공사에 사용되는 콘크리트는 공산품으로 관리되는 레디믹스트 콘크리트(레미콘)가 주로 이용되고 있다. 그런데 이와 같은 레미콘은 공산품임에도 불구하고 반제품 상태로 현장에 납품되고 있다. 따라서 경화콘크리트의 호칭강도 등 품질을 즉시 평가받지 못함에 따라 구조체에서 설계기준강도의 발현 부족 등의 결함이 발생할 때에는 책임문제와 관련하여 복잡한 문제가 발생하게 된다.

그러므로 본 단원부터 몇 단원에서는 굳지 않은 상태인 레미콘에서 배합사항 및 경화콘크리트의 압축강도 등의 품질을 신속하게 평가하는 방법에 대하여 소개하고자 하는데, 이번 단원에는 전반적인 개요에 대하여 소개하고자 한다.

5.2 연구동향 및 필요성

우리나라에서 현재 문제시되고 있는 사항 또는 시대적으로 요구되는 사항은 일본 등 선진국에서 이미 십수년 전 문제시 되었고, 그러한 요구에 의하여 일찌감치 연구된 바 있다.

일례로 우리나라의 경우 1980년대 후반 주택 200만 호 건설 당시 시멘트 등 건설재료 품귀현상으로 신도시 아파트건설 등에 콘크리트 강도가 만족할 만큼 발휘되지 못하는 상황이 발생하여 사회적으로 문제가 된 적이 있었다. 필자는 이 당시 박사학위 과정중이라 박사학위논문으로 「콘크리트 강도의 조기추정에 관한 연구」를 수행한 바 있다. 이 당시 문헌을 조사하다보니 선진국에서는 이미 많은 연구가 진행되어 일부 방법은 규격화 및 시험장치가 개발되어 시판되고 있는 실정이었다.

대표적인 연구동향을 정리하면 1931년 W.M. Dunagan은 씻기 분석법을 발표하여 아직 굳지않은 콘크리트에서 각 배합재료를 구하는 방법이 처음으로 제안되었다. 따라서 이 방법은 미국의 ASTM에 규격화되었으나 시험이 복잡하고, 물시멘트비(W/C)의 추정오차가 큰 것 등의 결점이 있기 때문에 얼마 후에 폐지되었다. 그러나 일본이나 우리나라는 시험오차가 적게 되도록 개량시켜 JIS 및 KS 표준으로 정리한 바 있다.(KS F 2411 ; 굳지않은 콘크리트의 씻기분석 시험 방법 : 2016년 8월 폐지)

이후 콘크리트의 품질 신속 평가 방법으로는 1948년 L.J. Murdock는 비중계를 이용한 시멘트량 측정 방법을 발표하였는데, 1959년 常山源太郷, 水野俊一 등이 이 방법에 관한 연구를 계속하여 일본의 표준시험방법으로 발표하고 있다.

1955년 W.G. Hime은 원심 및 중액분리에 의한 W/C 측정방법, 1962년 D.O. Covault는 중성자 활성화 분석, 1968년 R.T. Kelly는 염광광도계, 1970년 영국에서는 시멘트량 분석을 자동화한 Rapid Analysis Machine(이하 RAM : 그림 1 참조)이, 1971년 神田衛는 염산반응열법 등이 연구되어 1970

(http://www.matest.com)

그림 1 시멘트량 측정을 자동화한 RAM의 모습

년대 말에는 거의 완성단계에 이르게 되었다. 즉 일본건축학회 및 일본콘크리트공학회(당시는 일본 콘크리트 회의)에서 연구위원회가 설치되어 「콘크리트 간이시험방법에 관한 보고서」, 「콘크리트 품질 판정방법에 관한 개황」 등을 발간한 바 있다.

여담이지만 1992년도 필자가 일본에서 Post-Doc. 해외연수를 하는 도중 일본의 레미콘사를 방문한 적이 있다. 마침 본인이 박사학위 논문을 쓴 것도 있고 하여 품질관리 담당자에게 당신들은 콘크리트의 강도 조기추정법을 적용한 품질관리를 하지 않는지 질문을 던진 적이 있다.

그런데 그때 품질관리 담당자는 눈을 꾸벅꾸벅하더니 십수년 전 적용해본 적이 있지만 이제는 안 한다고 했다. 그럼 왜 안 하느냐고 묻자 대답은 간단했다. 품질에 문제가 없으니 할 필요가 없고, 조기품질 평가방법으로 시험을 하더라도 공시체로 확인하는 품질평가를 생략할 수 없으니 조기 품질 평가는 필요 없게 되었다는 것이다.

우리나라의 경우 1980년대 말 주택 200 만호 건설 당시 시멘트 품귀로 콘크리트의 강도발현이 신뢰되지 않았을 때에는 꼭 필요했겠지만, 이제는 필요 없을 것으로 사료된다. 그러나 요즘 실무현장에서는 구조체의 강도 부족이 심심치 않게 문제시되고 있고, 또한 최근에는 플라이애시, 고로슬래그 미분말 등 분체재료 및 골재 등 원재료 품질에도 자주 문제시되는 사항이 언론에 보도되고 있으니 조기품질 평가문제를 거론하지 않을 수 없어 몇 십년 지나간 일이지만 다시 들추어 이를 소개할 수밖에 없다.

5.3 품질 신속평가법 분류

콘크리트의 품질 신속평가법의 분류로는 대상 및 방법별과 실험방법의 기초원리 유형별로 구분할 수 있다. 외국의 연구에서는 주로 표 1과 같이 대상 및 방법별로 구분하고 있다.

표 1 대상 및 방법별에 의한 콘크리트의 품질 신속평가

① 비빔 직후 굳지않은 콘크리트의 W/C를 추정하는 방법
② 콘크리트 공시체를 촉진양생하여 압축강도를 시험함으로써 표준양생강도를 추정하는 방법
③ 모르타르를 콘크리트에서 습식 체가름하고 그 모르타르에 급결제를 가하는 방법에 더욱 촉진양생을 행하여 모르타르의 촉진양생 압축강도로부터 콘크리트의 표준양생강도를 추정하는 방법
④ 기타 방법

상기 분류 중 ①의 W/C추정에 있어서는 여러 원리가 뒤섞여 원리의 발전 및 체계적인 파악이 어렵고, ②, ③은 촉진양생으로 강도시험한다고 하는 동일 원리계로 통합될 수 있음에 필자는 상기의 분류를 표 2와 같이 실험방법의 기초 원리 유형별로 분류하여 소개하고, 금후 게재되는 내용도 이와 같은 체계에 따르도록 한다.

표 2 기초원리 유형별에 의한 콘크리트의 품질 신속평가

콘크리트의 품질 신속평가법

물리	화학	역학	전기・음파・기타
씻기분석법	염산용해열법	온수법	전기저항법
RAM	역적정법	자비법	초음파속도법
원심탈수법	염광분석법	자열양생법	중성자활성화분석법
비중계법	색차법	압력과열법	복합법
기타	pH-Meter법	급결촉진양생법	기타
	산중화법	조기재령강도시험법	
	기타	기타	

6. 물리적 원리에 의한 품질 신속평가

6.1 서 언

전 단원에서는 콘크리트의 품질 신속평가법 개요로서 연구동향, 필요성 및 분류에 대하여 설명하였다. 따라서 이번 단원에서는 전 단원의 연속으로 신속평가법 분류 중 물리적 원리에 기초하는 각종 품질 신속평가법의 종류에 대하여 개요 및 특성에 대하여 간략히 소개하고자 한다.

6.2 씻기분석 시험법

1931년 W.M. Dunagan이 연구 발표한 이래 각국의 표준규격으로 제정되었다가 현재는 대부분 폐지된 방법이다. 시험방법은 콘크리트의 공기중 및 수중중량을 측정한 후(물의 양을 구하기 위함) 5 mm체(체에 남는 것은 굵은골재), 0.08 mm 체(체에 남는 것은 잔골재, 통과하는 것은 시멘트)로 물 씻기 체가름하여 각체에 남는 재료량 및 통과량을 계량하여 환산함으로써 콘크리트 1 m^3당 각 재료량을 구하는 원리이다.

특징은 기구 · 방법 및 원리가 간단하지만 시험에 30~40분의 시간을 요하고, 시험오차가 비교적 크며, 실험은 숙련을 필요로 하게 된다. 특히, 수중중량을 측정하는 경우에는 기포를 완전히 제거하는 것이 중요하고, 아울러 잔골재의 0.08 mm체 통과량 다소에 따라 시멘트 및 잔골재량 추정에 편차가 발생할 수 있음에 유의해야 한다.

6.3 자동씻기분석기 RAM에 의한 방법

RAM(Rapid Analysis Machine)은 1970년대 영국에서 개발된 장치로서 앞 단원 그림 1의 모습과 같다. 즉 일정량의 콘크리트를 직립된 씻기통 내에 넣고 다량의 물을 밑에서부터 분출시켜 시멘트 등 미세립자를 함유한 혼합물의 1/10만을 채취, 이 혼합물 중에 함유되어 있는 미세립분을 침강제로 침전시켜 단위시멘트량을 구하는 장치 및 방법으로, 즉 씻기분석을 자동화한 원리이다.

RAM은 실험에 숙련을 필요로 하지 않고, 씻기가 5분 이내에 끝나 신속하지만 전 소요시간은 2인이 3회 실험할 때 약 30분 정도가 소요된다. 단위시멘트량 추정 정밀도는 ±2.5 % 정도이고, 골재 중 0.08 mm 체 통과량을 예비시험으로 보정해야 하며, 장치의 가격은 고가이다.

6.4 원심탈수법

본 실험은 원심기 FAMMIC이라 지칭되는 실험기구를 이용하는 방법이다. 즉 콘크리트 또는 모르타르 중의 물을 1호라고 지칭되는 특수포에서 원심탈수기를 이용하여 일정상태까지 탈수시켜 탈수 전·후의 중량차로부터 물의 양을 구하고, 이 탈수된 재료를 다시 물을 가하여 2호로 지칭되는 특수포 속에서 씻기 및 탈수하여 통과 및 잔류량으로부터 시멘트 및 골재량을 구하는 방법으로 씻기분석에 원심기를 도입하는 원리이다.

특징은 2인이 3회 시험시 약 30분 정도 소요되고, 숙련이 요구되는데 정밀도는 W/C로 ±3 % 정도이다. 이때 사용되는 특수포는 10회까지 사용할 수 있고, 0.15 mm보다 작은 골재입자는 예비시험으로 보정해 주어야 한다.

6.5 비중계법

비중(요즘은 밀도라고 표현해야 하지만 원문에 충실하기 위해 비중이라

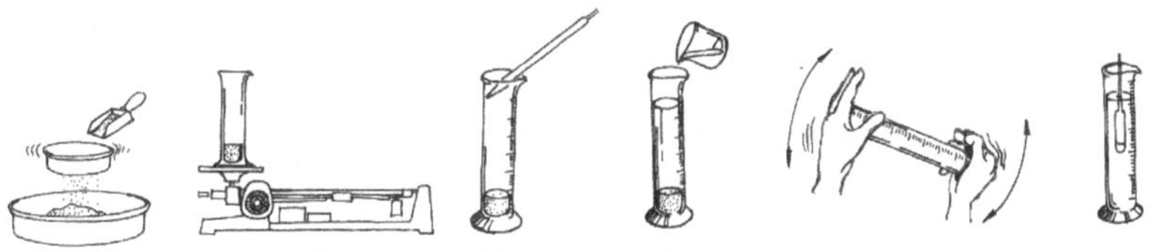

그림 1 비중계법 시험의 실험과정

칭함)계법은 품질 신속평가 방법으로 가장 많은 사람 및 기관들에 의해 제안되고 있다. 개략적인 방법은 그림 1과 같이 콘크리트를 5 mm 체로 친 모르타르를 메스실린더에 넣고 분산제와 함께 많은 양의 물로 희석하여 혼탁액화시키면 비교적 입자가 큰 골재는 즉시 가라앉고 미세한 입자인 시멘트는 혼탁액화되는데, 시멘트 사용량에 비례하여 혼탁용액의 비중이 상승한다. 이때 나타난 일정시간에서의 비중값을 보오메(Baumé) 비중계로 읽고 이 값과 미리 구해둔 단위시멘트량과의 상관관계로부터 단위시멘트량을 구한다. 단위수량은 모르타르를 급속 건조시키거나 수중·공기중 중량차 등 여러 방법으로 구한다. 배합된 콘크리트(모르타르)의 물시멘트비는 단위수량과 단위시멘트량의 비로부터 추정하는데, 이와 같은 방법으로는 L.J. Murdock, 水野, 일본시멘트사 연구소, 일본건축학회 간이시험방법 소위원회 및 필자 등이 연구를 진행한 바 있다.

특히, 필자는 상기의 방법에서 콘크리트로부터 모르타르를 습식 체가름하는 번거로움, 또한 굵은골재의 영향을 없애기 위해 그림 2와 같이 2 *l* 의 콘크리트 시료에 8 *l* 의 물을 넣고 원통을 회전시키는 방법으로 비중계법을 적용하는 것을 고안하였는데, 그림 3과 같은 관계식을 이용 굳지않은 콘크리트로부터 28일 압축강도를 추정하는 방법을 제안한 바 있다.

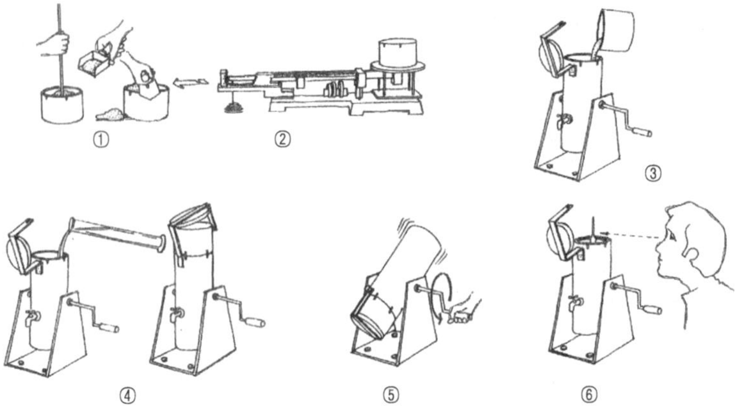

그림 2 개선된 비중계 시험의 실험과정

본 방법의 특징으로는 장치면으로 특별한 기구가 필요하지 않으며, 물시멘트비의 변화를 1.5% 이내의 오차에서 추정할 수 있고, 소요시간은 30분 이내로 신속히 완료될 수 있다. 단, 비중에 차이를 나타내는 시멘트의 종류 변화나 미세립분이 많은 잔골재의 경우는 오차가 발생하게 되고, 혼탁액의 온도변화 등에도 오차가 발생할 수 있으므로 각각의 경우에는 보정계수를 도입해야만 정밀도를 높일 수 있다.

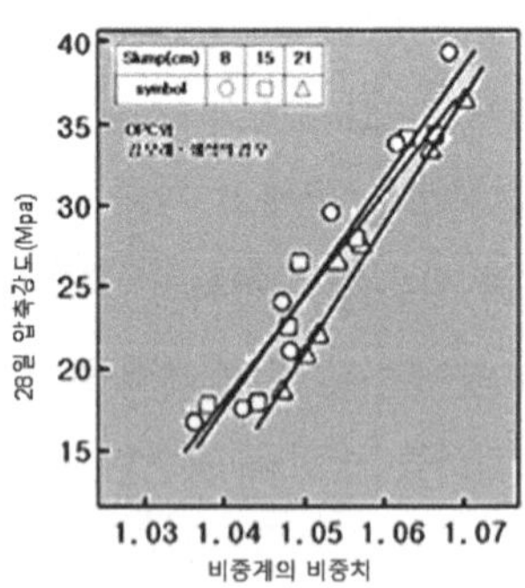

그림 3 비중계에 의한 Fc의 추정

7. 화학적 원리에 의한 품질 신속평가

7.1 서 언

콘크리트의 품질 신속평가법과 관련하여 전 단원에서는 씻기분석법, 원심탈수법, 비중계법 등 물리적 원리에 의한 방법을 소개하였다. 따라서 이번 단원에서는 전 단원의 연속으로 신속평가법 분류 중 화학적 원리에 기초하는 각종 품질 신속평가법의 종류들에 대하여 개요 및 특성에 대하여 간략히 소개하고자 한다.

7.2 염산용해열법

시멘트와 같은 석회질 물질에 염산을 가하면 석회질은 용해되면서 발열하게 된다. 이와 같은 원리에서 본 방법은 아직 굳지않은 콘크리트 중 체가름한 시멘트 모르타르를 물로 희석한 용액에 진한 염산을 가하여 시멘트량의 다소에 따르는 발열량 차이를 온도계로 측정함으로써 시멘트량을 산출하고, 물량은 동일 시료의 공기중 및 수중중량을 측정한 중량차와 시멘트 및 모래의 밀도를 이미 알고 있는 것으로부터 계산하여 구한 다음, 물시멘트비(W/C)를 추정한다. 이의 개선방법으로 동일 모르타르 시료의 물량 측정시에 공기량도 측정하여 시멘트 공극비를 측정함으로써 이것을 지표로 콘크리트의 압축강도를 추정하는 방법도 있다.

시험장치 및 용기가 간단하고, 소요시간은 25분 정도이며, 정밀도는 콘크리트의 W/C로 2% 이내이고, 보통 및 조강포틀랜드 시멘트에도 적용되는 장점이 있으나 문제점으로는 염산의 취급상 위험성이 있는 점, 시멘트의 종류 중 석회질 함유량에 차이가 있는 경우 및 잔골재에 석회석이나 조개껍질 등 탄산칼슘을 포함하는 경우에는 오차를 유발하므로 예비시험으로 미리 보정치를 정하여 두고 이를 반영하여야 한다.

7.3 역적정법

염산용해열법의 반대방법으로 아직 굳지않은 콘크리트를 체가름한 모르타르에 물을 가하여 희석한 다음 일정량의 염산을 가하여 시멘트를 용해시키고 잉여산을 페놀프탈레인을 지시약으로 하여 수산화나트륨 용액으로 역적정하는 원리로 시멘트량을 구하는 방법이다. 물량 및 W/C는 가스버너를 이용하여 모르타르를 절건시키고 건조량으로부터 골재의 흡수량을 뺀 것을 유효수량으로 하여 물량을 구하고, 역적정법에서 구한 시멘트량과의 비에서 W/C를 구한다.

특징은 염산용해열법과 동일하다.

7.4 염광분석법

Kelly-Vail에 의하여 제안된 장치를 이용하는데, 시멘트량 측정의 원리는 콘크리트 시료를 체가름 물씻기한 시멘트 혼탁액을 일정량 채취하여 액중의 시멘트 입자를 초산으로 용해한 다음, 물로 희석하여 칼슘이온의 농도를 염광광도계(염색반응, 즉 불꽃의 색을 응용하여 원소를 정량분석하는 시험장치)로 측정함으로써 미리 작성한 그래프에 의거하여 단위시멘트량을 구하는 화학분석의 원리이다.

7.5 색차법

콘크리트 중 시멘트의 칼슘이온을 정량하기 위한 방법으로 소정량의 콘크리트에 일정량의 물과 지시약을 교반하고 응집제를 가하여 상징액(위에 뜨는 물)을 색차계에 걸고 색차를 측정하여 미리 제작해둔 색과 비교함으로써 단위시멘트량을 판단하는 비색법의 원리이다.

색차와 시멘트 함유량은 반비례하게 나타나는데, 추정되는 단위시멘트량과 실제 단위 멘트량 간의 차이는 ±2% 이내라고 보고되고 있으나 근본적으로 비색측정이란 주관성 및 개인오차가 내재될 수 있어 객관적으로 정확한 정량성은 결여되는 점이 문제시된다.

7.6 pH Meter법

W/C 변화에 따라 나타나는 콘크리트의 알칼리도 변화를 소정의 희석비율인 물로 희석하고 pH Meter를 삽입하여 pH를 측정함으로써 미리 구해둔 도표 및 식에 따라 W/C 및 강도를 조기에 추정하는 방법 및 원리이다.

방법이 간단하고, 측정시간이 10분 이내로 이용은 편리하지만 W/C 변화에 따른 pH값의 변화가 적고, 희석배수에 따라 약간 다르지만 W/C 45~55% 범위에서 pH값이 최하가 되고 그 이상 및 이하에는 증가하는 포물선 경향으로 강도의 조기추정에는 어려움이 있으며, 또한 시멘트, 골재, 용수 등 알칼리도에 영향을 줄 수 있는 재료변수 및 콘크리트 혼합 후 경과시간 변화 등 많은 요인이 작용함에 따라 오차가 크게 나타나는 문제점이 있다.

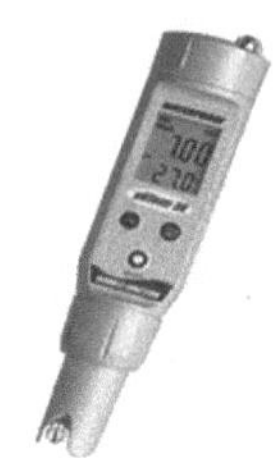

사진 1 pH Meter

7.7 산중화법

pH Meter법과 유사한 원리로 W/C에 따라 변화하는 콘크리트 혼합용수의 알칼리도를 원심분리기 및 일정시간 방치 후 블리딩수로 채취하여 여과하고, 페놀프탈레인을 지시약으로 하여 적색으로 변색시킨 다음 미소한 알칼리도 차이를 묽은 염산으로 중화시키는데 필요한 염산 소비량을 구하여 미리 작성해둔 도표 및 회귀식에 의거 W/C 및 강도를 구하는 방법이다.

필자는 상기 방법에서 원심분리 혹은 블리딩수 채취의 어려움을 해결하기 위하여 전 단원의 개발 비중계법(콘크리트를 10 l 통에 넣고 반전시키는 방법)의 통 중앙 부분에 그림 1의 ①과 같이 수도전을 설치한 다음, 그곳으로부터 일정량의 희석수를 채취 ②와 같이 여과한 다음 ③과 같이 페놀프탈레인 지시약으로 적색으로 변색시킨 다음 ④와 같이 뷰렛에 묽은 염산으로 중화시키는 산중화법을 개발한 바 있다.

본 방법은 pH Meter법보다 시간이 많이 걸리는(40분 정도) 문제점이 있으나 장치가 간단·저렴하고, 비교적 강도추정의 정확도는 높게 나타난다. 그러나 근본적으로 콘크리트의 알칼리도 변화를 측정하는 것인 만큼 재료조건, 시간변화 및 온습도와 같은 주위환경 등 알칼리도에 영향을 미치는 요인은 모두 오차가 될 수 있으므로 동일조건으로 계속 생산되는 레미콘과 같은 경우의 품질관리에 한하여만 적용될 수 있다.

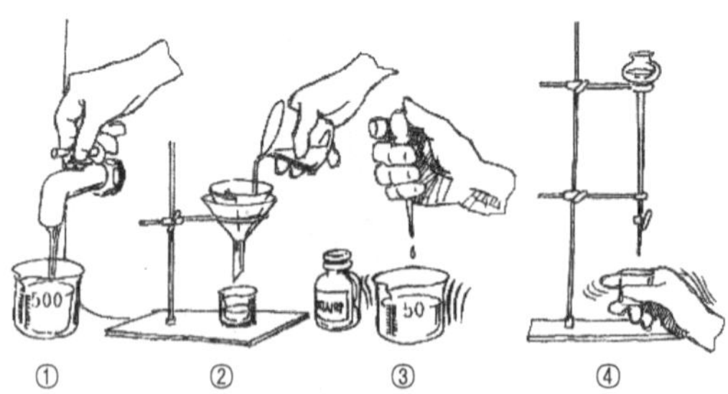

그림 1 산중화법 시험방법

7.8 기타 방법

화학적 방법의 대부분은 W/C보다 단위시멘트량과의 상관성이 양호하게 나타난다. 그러므로 상기의 방법과 단위수량 결정방법을 복합해야 하는데, 각 방법별로 약간씩 설명한 단위수량 추정법 이외에도 여러 방법이 있다. 그 예로는 티오시안칼륨의 역적정법, 에틸알코올의 농도차 측정법 및 최근에 개발된 콘크리트의 단위수량 추정법으로 가열건조법, 단위용적질량법, 방사선 중성자법, 정전용량법, 원심분리법, 시약을 이용하는 방법 등이 있다.

(kett, ㈜한국케트 홈페이지)

사진 2 단위수량 시험기의 일례

8. 역학적 원리 및 기타에 의한 품질 신속평가

8.1 서 언

콘크리트 품질 신속평가법과 관련하여 전 단원에서는 염산용해열법, 역적정법, 염광분석법, 색차법, pH Meter법, 산중화법 등 화학적 원리에 의한 방법을 소개하였다. 이번 단원에서는 전 단원의 연속으로 신속평가법 분류 중 역학적 원리 및 기타에 기초하는 각종 품질 신속평가법에 대하여 개요 및 특성을 소개해 보고자 한다.

8.2 온수법

미국, 영국, 일본 등에서 규격화 혹은 위원회안으로 제안된 방법으로 각국마다 약간씩 차이가 있다. 그러나 원리는 형틀(Mold)에 채워진 콘크리트를 형틀채로 일정온도의 온수(미국 : 35 ℃, 영국 : 55 ℃, 일본 : 55 ℃ 또는 70 ℃)에 24시간 전후의 촉진양생을 거쳐, 형틀을 탈형하고 초기재령 압축강도로부터 표준양생 콘크리트의 압축강도를 추정하는 것이다.

본 방법의 특징으로는 다음에 기술하는 자비법보다 온도쇼크가 적고, 촉진양생으로 진입하는 준비단계가 짧으며, 비교적 균일한 온도분포를 얻을 수 있고, 온도가 낮은 만큼 화상의 위험도 없으며(화상없이 손으로 만질 수 있는 한계온도는 55 ℃임), 양생온도는 낮더라도 일정한 강도의 증진이 나타나고, 28일 강도와의 관계도 비교적 양호하게 나타난다. 그러나 본 방법은 정온제어장치와 그의 관리를 필요로 하고, 양생시간을 길게 할 필요가 있기 때문에 강도는 1일 혹은 2일 후에야 평가될 수 있으며, 잠재강도의 발휘에는 불충분한 방법으로 편차가 크고, 시멘트의 종류에 따라서도 상당히 다르게 나타난다.

8.3 자비법(煮沸法)

미국, 캐나다에서는 규격화되어 있고, 일본 등에서도 많이 연구된 방법이다. 자비법이란 끓는 물속에 공시체를 넣고 양생하는 방법이다. 이 방법은 촉진양생이 자비법으로 적극적이라는 점과 자비 이후에 일정시간 및 온도의 양생단계를 거치는 것이 필요한 점 등으로 각 규격 및 연구자 간의 방법에는 약간의 차이가 있다.

본 방법은 온수법과 비교하여 수조의 온도관리가 용이하고, 공시체를 촉진양생 전에라도 미국 규정의 경우에는 단거리 이동이 가능하며, 일본 十代田씨의 방법은 5시간이면 강도추정이 가능할 수 있고, 전반적으로는 동일시간 내에 얻어지는 강도가 크기 때문에 강도추정의 정밀도가 높은 장점이 있다. 단점으로는 자비에 의한 콘크리트의 열팽창에 기인하여 강도에 영향이 있을 수 있고, 취급중에 화상에 주의할 필요가 있다.

8.4 자기발열 양생방법

미국, 캐나다의 규격 및 일본 등지에서 연구된 방법이다. 원리로는 시멘트의 수화작용에 의하여 발생하는 열을 지키는 방법으로 절연양생 용기 중에서 콘크리트를 촉진양생하고 강도시험함으로써 조기에 강도를 추정할 수 있는 방법이다.

본 방법은 절연설비 이외에 가열이 필요하지 않아 고가의 양생장치가 없어도 되며, 온도관리를 행할 필요가 없기 때문에 편리하고, 강도시험 장소로 운반이 필요할 경우에는 이 시간이 양생기간으로 되며, 공시체 성형으로부터 강도시험까지 번잡한 조작이 필요 없고, 작업자를 시간적으로 구속하지 않는다. 반면에 단점으로는 품질관리에 적용하기 위하여 결과를 얻기까지는 시간이 많이 걸린다는 점이다.(미국 규정 2일, 일본 연구 1일)

8.5 압력과 열에 의한 방법

본 방법은 Nasser에 의하여 고안된 방법이다. 즉 그림 1과 같이 시료용기를 3단으로 쌓고, 각각의 사이에 칸막이를 넣어 압력을 가하고 히터로 가열한 다음 냉각하여 압축강도를 구함으로써 조기에 강도를 추정하는, 즉 압력과 열을 복합하여 촉진양생을 더욱 가속화한 원리이다.

30분에 150 ℃에 도달할 정도의 고열과 압력까지 가세하기 때문에 콘크리트의 촉진양생 시험방법 중 제일 짧은 시간에 강도 추정이 가능한 방법으로 유용하다. 배합의 여러 가지 변화에도 그다지 영향을 받지 않는다고 보고되고는 있으나 강도시험시 화상에 대비하여 장갑을 착용해야 하는 점과 아직 많은 연구가 없으므로 재료 및 배합적인 측면에서 계속 검토되어야 한다.

8.6 급결촉진 양생법

일본의 池田 등의 연구방법으로, 굳지않은 콘크리트를 5 mm 체로 친 모르타르에 알루민산 소다를 주성분으로 하는 급결제를 일정량 첨가·혼합하여 공시체를 성형하고, 70 ℃로 고온양생한 다음 재령 1~3시간의 모르타르 강도로부터 재령 28일의 콘크리트 강도를 추정하는 방법이다. 즉 본 방법은 급속경화모르타르의 압축강도가 시료콘크리트의 물시멘트비와 아주 높은 상관관계가 있는 것으로부터 유도된 원리이다.

본 방법은 급결제와 고온양생의 복합에 의한 상승효과에 의하여 포틀랜드시멘트의 수화반응이 단시간에 촉진되어 나타난다는 것과 안정된 조기강도가 얻어지도록 배합된 전용급결제가 개발된 것 등에 의하여 가능하게 되었다. 그러나 본 방법은 모르타르를 이용하는 방법으로 굵은골재의

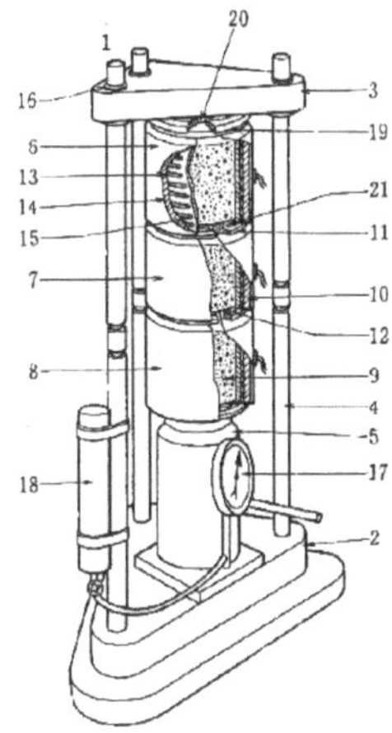

그림 1 Nasser에 의하여 고안된 방법

영향이나 잔골재율 등 일부 배합 측면과 관련한 문제점이 존재할 수밖에 없다.

8.7 초기재령 공시체의 강도시험에 의한 추정법

시멘트의 수화반응은 시간 경과에 따라 진전되어 콘크리트 강도가 일정하게 증진되는 원리에 기초하여 표준적인 시험방법에 따라 콘크리트 공시체를 제작하고, 3일 및 7일 등 초기재령 공시체의 강도시험으로 표준재령 콘크리트의 강도를 추정하는 것이다.

옛날로부터 현재까지 실무에서 많이 이용되고 있는 방법으로 실험방법이 쉽고, 복잡한 장치가 필요 없으며, 강도추정의 정밀도가 비교적 양호하게 나타나는 장점이 있으나 조기품질 평가법인만큼 시간적으로 늦게 추정되는 단점이 있다.

8.8 기타 품질 신속평가

콘크리트의 품질 신속평가법으로는 이제까지 기술한 물리·화학 및 역학적 방법 이외에도 전기·초음파 및 기타 방법이 있다. 이와 같은 방법으로는 일정간격의 형틀에 굳지않은 콘크리트를 타설하고 대립하는 양쪽 면 간에 동판 같은 전극판을 설치하고 전기저항을 측정하기도 하고, 대립하는 양면 간에 초음파 전파속도를 측정하는 방법도 있으며, 기타로는 비파괴시험에 이용하는 슈미트해머, 공명진동법에 의한 동탄성계수를 활용하는 방법 및 여러 가지 방법을 복합하는 복합법 등 많은 방법이 있다.

사진 1 압축강도 시험모습

9. 설계에 있어 빈도(頻度)의 고려 문제

9.1 서 언

지진이나 태풍 등의 단기하중에 대응하기 위해 건설물의 구조체를 설계할 때에는 몇 년을 주기로 고려했느냐에 따라 그 세기가 다르게 취급된다. 본서에서는 2014년 2월 경주에서 발생한 적설(눈)하중에 의한 리조트 체육관 지붕의 붕괴사건을 교훈으로, 또 다른 각도인 콘크리트의 내동해성 설계과정에 있어 빈도의 고려에 대하여 고찰해 본다.

9.2 리조트 체육관 지붕의 붕괴사건

2014년 2월 17일 월요일 오후 9시 15분쯤 경북 경주시에 있는 마우나 오션 리조트 체육관 지붕이 눈 무게를 견디지 못하고 사진 1과 같이 M자 모양으로 붕괴되어 신입생 OT 행사 중이던 부산 외국어대학 신입생 9명과 이벤트 직원 1명 등 총 10명이 숨지고 100여 명이 다치는 대형 참사가 발생한 바 있다.

언제나 사고가 발생할 때면 언론에서는 총체적인 부실문제를 지적하고 있는데, 일례로 앵커볼트 개수가 절반 밖에 체결되어 있지 않았다던가, 턴버클 등으로 수평력을 잡아주는 설계가 없다던가, 눈 녹은 물이 샌드위치 패널 속 유리섬유에 침투되어 하중을 증가시켰다던가, 행사 중 스피커의 음향이 공진을 일으켰다는 등의 원인과 교육부에서 설하중에 대한 안전을 고려토록 하는 공문을 보냈음에도 불구하고 이를 무시하고 행사를 진행했다거나, 1시간 이전부터 균열이 발생하는 등 전조증상이 있었음에도 이를 무시했던 점,

(2014년 2월 18일, 연합뉴스 기사 참고)

사진 1 리조트 체육

인근 지역에서 유사한 대공간구조에 눈으로 지붕이 무너진 사례가 있었음에도 체육관 지붕에 눈을 치울 생각을 안했다는 것 및 최저가낙찰에 총체적인 성능저하가 원인이 되었다는 등 다양한 각도에서 분분한 의견들을 끝없이 쏟아내고 있다.

그러나 본인의 생각은 상기의 원인이 무관하다는 것은 아니지만 2월 19일자 국토일보에 게재된 대한건축사협회의 원인 및 대책에 가장 큰 무게를 두어 동의하는 바이다. 즉 경주지역은 지난 30년간 최대 일일적설량이 약 5 cm이며, 2000년 이후 기준으로는 5~21 cm 정도였다.

따라서 현행 건축구조설계기준에는 적설하중이 1 m^2당 50 kg으로서(1 m^2 면적에 물이 5 cm 높이로 깔려 있을 때 무게) 이번에 내린 적설량이 60 cm 이상인 점을 감안하면 30년 내지 100년의 빈도를 벗어나는 자연재해 수준이다. 특히 이번의 눈은 건설이 아닌 습설로서 1 m^2 넓이에 눈이 1 m 정도 쌓일 경우 일반적인 눈의 무게는 100~150 kg이지만, 습기를 포함한 눈은 3배에 달하여 최대 450 kg 이상도 될 수 있는데, 결국 60 cm 적설로 가정하면 270 kg/m^{2}로서 50 kg/m^{2}의 설계기준에 5.4배에 달하는 무게로 이것이 제일 큰 붕괴의 원인이 되었다.

9.3 빈도(頻度)의 고려

앞에서 언급한 바와 같이 최근에는 지구온난화로 인해 기상이변 등 다양한 재해가 30년 혹은 100년 빈도를 넘어 자주 발생하고 있다. 즉 기록적인 폭우, 폭설, 우박, 바람 및 지진 등이 그것인데, 폭우로 농경지 침수라든가, 폭설, 우박 및 태풍으로 비닐하우스가 찢기고 파괴된 경우는 천재지변에 따른 재난으로 간주하여 일부 피해를 보험이나 국가차원에서 보상해주고 있고, 일본의 경우는 상상 못한 지진 등으로 커다란 피해가 발생하면 즉시 규정을 상향시키고 기존 건물에 보수·보강을 실시하는 등 대책을 수립하여 재발을 방지하는 것이 기본이다.

구조설계에서 얼마의 빈도를 고려하는가 하는 것은 안전율과 경제성 측면의 상관성 문제로 빈도를 적게 잡아 안전율이 작게 고려된다면 일시적으로는 경제성에 이득이 될 수 있지만, 위험요소가 따르고 반대로 빈도를 크게 잡아 안전율이 지나치면 전국적으로 비경제적인 건설물이 되어 낭비가 되는 결과이므로 어려운 문제가 아닐 수 없다. 그러나 이 문제는 우리나라의 GNP가 선진국 대열까지 되었고, 안전문제는 얼마의 돈을 주고 바꿀 수 없는 중요한 문제이며, 이미 발생된 빈도(적설량)라면 현재의 값은 충분히 고려될 수 있도록 국가설계기준의 상향을 검토해야만 할 것이다. 물귀신 작전 같아 좋은 예는 아닐지 몰라도 일부 지나친 내진설계를 지적하는 혹자의 경우 이제까지 우리나라에 발생한 지진으로 손가락 하나 다친 사람도 없는데 재현주기 500년 혹은 2400년 규모의 $\frac{2}{3}$ 정도를 고려하며 대략 6규모 정도의 지진에 견디도록 건설물을 설계하는 것은 너무 낭비라고 하더라도 현실은 충분히 안전한 빈도의 지진을 고려하는 것처럼 폭설에 대응하는 빈도의 안전율도 충분할 만큼 상향할 필요가 있다.

9.4 콘크리트 내동해성에의 고려

이번 기회에 폭설에 의한 눈하중의 재고뿐만 아니라 겨울철 저온현상 및 적설량에 관한 콘크리트 구조물의 내구성인 스케일링동해에 대해서도 재검토가 요구된다.

제IV권 III-1, 2{겨울철 기상이변과 콘크리트의 대응(I), (II)} 및 제IV권 II-15{이 일을 어찌할고? (표면층박리동해)}에서도 언급한 바와 같이 2009년~2013년 겨울의 경우 아마도 100년 주기의 빈도를 초과할만한 극심한 저온과 많은 적설량으로 콘크리트로 포장된 주차장, 도로(사진 2 참조), 옥상 슬래브 등 엄청나게 많은 스케일링동해가 발생한 바 있다.

이와 같은 문제는 실무의 경우 레미콘 품질문제로 인식되어 하자처리됨에 따라 레미콘사가 큰 어려움을 겪는데, 이 경우 빈도를 잘못 고려하여 설계된 것이라면 레미콘사의 책임문제가 아닌 것이 되는데, 즉 국가적으로 경제성을 추구하기 위해 낮은 강도 규정을 유지하려면 하자보다는 기상재해로 인정해야 하고, 그렇지 않을 것이라면 이번 기회에 도로공사 등의 해당 규

사진 2 스케일링동해의 예

정을 바꿀 필요가 있다. 즉 콘크리트 시방서의 경우 콘크리트의 내동해성을 기준으로 하여 물·결합재비를 정할 경우 그 값은 표 1의 값을 준수하도록 규정되어 있는데, 이보다 큰 물·결합재비 혹은 낮은 강도를 규정해서는 안 될 것이며, 콘크리트학회 규정도 재검토할 필요가 있다.

표 1 특수노출상태에 대한 요구사항

노출상태	보통골재 콘크리트 최대 물-결합재비	보통골재 콘크리트와 경량골재 콘크리트의 최소 설계기준압축강도 f_{ck}(MPa)
물에 노출되었을 때 낮은 투수성이 요구되는 콘크리트	0.50	27
습한 상태에서 동결융해 또는 제빙화학제에 노출된 콘크리트	0.45	30
제빙화학제, 염, 소금물, 바닷물에 노출되거나 이런 종류들이 살포된 콘크리트의 철근부식 방지	0.40	35

10. 콘크리트의 부재설계에서 안전율

10.1 서 언

몇 년 전 300여 명의 고귀한 생명을 앗아간 「세월호 침몰사건」이 언론에 머릿기사로 십수 일간 보도된 적이 있다. 돌이켜보면 지켜야 할 많은 것을 무시한 안전불감증이 엄청난 문제를 일으킨 것인데, 이것이 과연 해운운송에서만 있는 문제일까? 레미콘산업에는 유사한 문제가 없는 것일지 반성해 볼 필요가 있다. 따라서 금번 단원에서는 콘크리트 부재설계에서 가장 기본이 되는 안전율에 대하여 고찰해본다.

10.2 안전율의 정의

안전율(安全率 : Safety factor)이란 기계공학 용어사전에는 표 1과 같으며, 건축 용어사전을 표 2와 같이 정의되고 있다.

표 1 기계공학 용어사전

(1) 제한하중보다 큰 하중을 사용할 가능성 및 재료의 고르지 못함이나 제조공정에서 생기는 제품품질의 불균일, 사용중의 마모(磨耗)나 부식 때문에 약해지거나 설계자료의 신뢰성에 대한 불안에 대비하여 사용하는 설계계수를 말한다. (2) 구조물의 안전을 유지하는 정도, 즉 파괴강도를 그 허용능력으로 나눈 값을 말한다.

표 2 건축 용어사전

구조물이나 부재의 내력을 설계상 허용하는 힘으로 나눈 값. 내력으로는 붕괴, 파단, 항복 혹은 변형이 갑자기 커지는 점을 쓴다.

10.3 안전율과 관련한 구조설계법의 변천

철근콘크리트 구조물에 있어서 구조설계기준과 관련한 국제적인 동향은 1900년~1950년까지는 주로 허용응력도 설계법을 사용해 왔고, 1950년~1970년대에는 허용응력도 설계법과 극한강도 설계법이 병용되어 오다가 1970년대 이후에는 극한강도 설계법만이 통용되고 있다.

그러나 우리나라의 경우는 국제적인 추세보다 늦은 상태로 오랫동안 허용응력도 설계법을 적용해 오다가 1988년 건설부(현 국토교통부)령으로 제정된 극한강도 구조기준과 1994년도 개정된 「극한강도 설계법에 의한 철근콘크리트 구조계산 규준」에 의거 건축물 구조설계에서 극한강도 설계법을 사용하였는데, 1999년도에는 건축과 토목 분야의 구조설계 규준이 한국콘크리트학회로 이관·통합된 다음 현재는 2012년 개정판인 「콘크리트 구조기준」이 통용되고 있다.

이와 같은 변화과정에서 허용응력도 설계법과 극한강도 설계법 간에는 많은 차이가 있지만 기본적으로 허용응력도 설계법의 경우는 일례로 허용압축응력$(f_c) = 0.30F_c$와 같이 하중에는 하중계수를 적용하지 않고 구조체 재료에만 제조, 시공 및 사용과정의 결함을 고려하여 안전율로 계산하는, 즉 재료의 품질에 문제가 있는 것을 고려하여 안전율을 적용해왔는데, 그 개념은 그림 1과 같다.

그러나 극한강도 설계법의 경우는 재료적인 측면에서는 그 동안 상당히 품질이 향상되어 문제가 없지만 지진과 같은 하중요소에는 불확실성에 따른 위험요소가 많아 주로 표 3과 같이 하중에 안전율을 크게 고려하며, 구조체 재료 측면에서는 표 4와 같이 약간의 강도 감소계수로 안전율을 고려하고 있다.

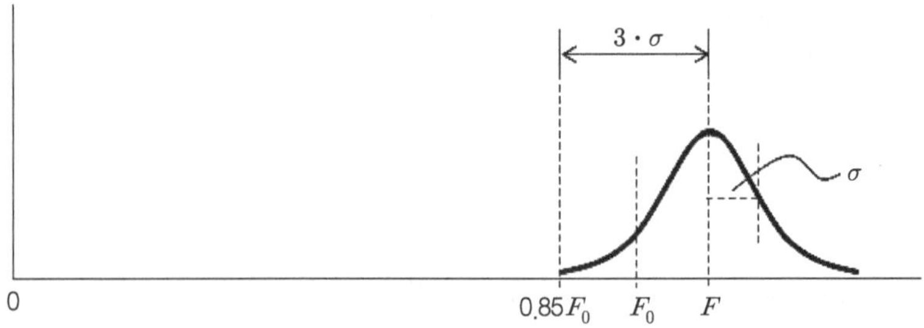

(a) 레미콘공장에서 콘크리트 생산시 품질

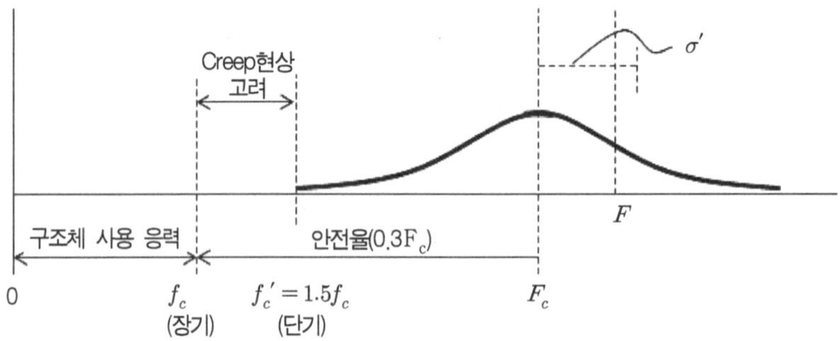

(b) 건설공사현장에서 콘크리트 타설 후 품질

그림 1 안전율 관점에서 레미콘 품질 분포

표 3 콘크리트 구조기준 중 소요강도 및 하중계수

3.3.2 소요강도

(1) 철근콘크리트 구조물을 설계할 때는 아래에 제시된 하중계수와 하중조합을 모두 고려하여 해당 구조물에 작용하는 최대 소요강도에 대하여 만족하도록 설계하여야 한다.

$$U = 1.4(D+F) \quad (3.3.1)$$

$$U = 1.2(D+F+T) + 1.6(L+\alpha_H H_v + H_h) + 0.5(L_\gamma \text{ 또는 } S \text{ 또는 } R) \quad (3.3.2)$$

$$U = 1.2D + 1.6(L_\gamma \text{ 또는 } S \text{ 또는 } R) + (1.0L \text{ 또는 } 0.65W) \quad (3.3.3)$$

$$U = 1.2D + 1.3W + 1.0L + 0.5(L_\gamma \text{ 또는 } S \text{ 또는 } R) \quad (3.3.4)$$

$$U = 1.2(D+H_v) + 1.0E + 1.0L + 0.2S + (1.0H_h \text{ 또는 } 0.5H_h) \quad (3.3.5)$$

$$U = 1.2(D+F+T) + 1.6(L+\alpha_H H_v) + 0.8H_h + 0.5(L_\gamma \text{ 또는 } S \text{ 또는 } R) \quad (3.3.6)$$

$$U = 0.9(D+H_v) + 1.3W + (1.6H_h \text{ 또는 } 0.8H_h) \quad (3.3.7)$$

$$U = 0.9(D+H_v) + 1.0E + (1.0H_h \text{ 또는 } 0.5H_h) \quad (3.3.8)$$

다만, α_H는 연직방향 하중 H_v에 대한 보정계수로서, $h \le 2m$에 대해서 $\alpha_H = 1.0$이며, $h > 2\mathrm{m}$에 대해서 $\alpha_H = 1.05 - 0.025h \ge 0.875$이다.

(2) 이하 생략

* 상기 식 중 U는 소요강도이고 D 이하 각종 기호는 고정하중 등 각종 하중을 말하는데, 상세한 것은 콘크리트 구조기준을 참조한다.

10.4 종합고찰

안전율이란 기계공학용어의 정의를 콘크리트 재료적 측면에서 비교하면 「제한하중보다 큰 하중을 사용할 가능성」, 즉 설계하중보다 큰 하중이 작용할 가능성과 동의어로 비상시 외력의 문제를 지적하는 것이다. 또한 「재료의 고르지 못함이나 제조공정에서 생기는 제품 품질의 불균일」은 레미콘 생산시 표준편차로서 배합강도로 상향하여 고려하지만, 제일 중요한 것은 정상적인 시공을 하더라도 시공과정에서 재료분리 등에 의해 나타날 수 있는 결함을 고려하는 것이고, 또한 「사용 중의 마모나 부식」 등 내구성 측면까지도 포함시켜 고려하는 것으로 안전율이 적용된다.

따라서 우리나라 콘크리트 안전율의 경우 미국에서 가져다 쓰는 극한강도 설계법의 안전율을 그대로 적용해도 문제가 없는지? 수준에 미달한다면 안전율 값을 크게 바꿀 것인지 아니면 품질 수준을 선진국 수준으로 올릴 것인지?

아마도 바람직한 것은 안전율 값을 바꾸는 것보다는 올바른 원재료 선정, 철저한 배합설계 및 레미콘 가수방지와 아울러 재료분리를 방지하는 향상된 시공법으로 선진국 수준의 품질로 바꿔야 하는 것이 현 시점에서는 가장 바람직한 개선책이 아닐까 싶다.

표 4 콘크리트 구조기준 중 설계강도 및 강도감소계수

3.3.3 설계강도

(1) 구조물의 부재, 부재 간의 연결부 및 각 부재 단면의 휨모멘트, 축력, 전단력, 비틀림모멘트에 대한 설계강도는 이 구조기준의 규정과 가정에 따라 정해지는 공칭강도에 3.3.3(2)의 강도감소계수 Φ를 곱한 값으로 하여야 한다.

(2) 강도감소계수는 다음 규정에 따라야 한다.

① 6.2.2(4)에 정의된 인장지배 단면 0.85

② 6.2.2(3)에 정의된 압축지배 단면

(가) 나선철근 규정에 따라 나선철근으로 보강된 철근콘크리트 부재 0.70

(나) 그 외의 철근콘크리트 부재 0.65

(다) 공칭강도에서 최외단 인장철근의 순인장 변형률 ε_t가 압축지배와 인장지배 단면 사이일 경우에는 ε_t가 압축지배 변형률 한계에서 인장지배 변형률 한계로 증가함에 따라 Φ값을 압축지배 단면에 대한 값에서 0.85까지 증가시킨다.

③ 전단력과 비틀림모멘트 0.75

④ 콘크리트의 지압력(포스트텐션 정착부나 스트럿-타이 모델은 제외) 0.65

⑤ 포스트텐션 정착구역 0.85

⑥ 스트럿-타이 모델에서

(가) 스트럿, 절점부 및 지압부 0.75

(나) 타이 0.85

⑦ 긴장재 묻힘길이가 정착길이보다 작은 프리텐션 부재의 휨 단면

(가) 부재의 단부부터 전단길이 단부까지 0.75

(나) 전단길이 단부부터 정착길이 단부 사이의 Φ값은 0.75에서 0.85까지 선형적으로 증가시킨다. 다만, 긴장재가 부재 단부까지 부착되지 않은 경우에는 부착력 저하길이의 끝부터 긴장재가 매입된다고 가정하여야 한다.

⑧ 무근콘크리트의 휨모멘트, 압축력, 전단력, 지압력 0.55

11. 레미콘업계의 치킨게임 문제

11.1 서 언

충북일보 및 충북매일(2014.08.29)에 사진 1에 보이는 것과 같은 기사가 실렸다. 세월호 침몰사건과 관련 '비정상의 정상화' 차원과 연관하여 이 문제도 매우 중요한 사안이라고 사료되어 이번 단원에서는 레미콘업계의 치킨게임 문제를 기술해 본다.

사진 1 신문기사

11.2 치킨게임의 정의

신문기사에 치킨게임이라는 생소한 단어가 등장하여 우선 네이버 검색에서 정의부터 조사해 보았다.

표 1 치킨게임의 사전적 설명

국제정치학에서 사용하는 게임이론 가운데 하나이다. 1950년대 미국 젊은이들 사이에서 유행하던 자동차 게임의 이름이었다. 이 게임은 한밤중에 도로의 양쪽에서 두 명의 경쟁자가 자신의 차를 몰고 정면으로 돌진하다가 충돌 직전에 핸들을 꺾는 사람이 지는 경기이다. 핸들을 꺾는 사람은 겁쟁이, 즉 치킨으로 몰려 명예롭지 못한 사람으로 취급받는다. 그러나 어느 한 쪽도 핸들을 꺾지 않을 경우 게임에서는 둘 다 승자가 되지만, 결국 충돌함으로써 양쪽 모두 자멸하게 된다.

즉 어느 한 쪽도 양보하지 않고 극단적으로 치닫는 게임이 바로 치킨게임이다. 이 용어가 1950~1970년대 미국과 소련 사이의 극심한 군비경쟁을 꼬집는 용어로 차용되면서 국제정치학 용어로 굳어졌다. 그러나 오늘날에는 정치학뿐만 아니라 여러 극단적인 경쟁으로 치닫는 상황을 가리킬 때도 인용된다.

치킨게임(Chicken game)의 정의로 우선 치킨의 의미는 닭 또는 닭고기란 의미로도 쓰여지지만 여기서는 비속어로서 "겁쟁이"라는 의미로 쓰여진 것이다. 따라서 치킨게임이란 겁쟁이 게임인 것인데, 어느 한쪽이 양보하지 않을 경우 양쪽이 모두 파국으로 치닫게 되는 극단적인 게임이론이다.

즉 두산백과사전에 의하면 치킨게임은 국제정치학에서 사용하는 게임이론으로 표 1과 같이 설명하고 있다.

11.3 레미콘업계의 치킨게임 발생

모든 산업의 경우도 마찬가지이지만 고도경제사회로 발전하면서 모든 것이 공급과잉상태에 이르게 된다. 길거리의 빵집이며 치킨집도 포화상태가 되어 과다경쟁이 문제되는 것처럼, 레미콘산업도 포화상태가 되어 과다경쟁이 발생하는 것은 당연한 이치일 것이다. 따라서 민주주의사회에서 담합의 경우는 공정거래법 위반으로 처벌을 받게 되니 어느 산업, 어느 직종, 어느 지역이든 치킨게임이 발생하지 않을 수 없다. 즉 어느 레미콘사의 경우 박리다매를 표방하며 가격을 저렴하게 하여 물량을 확보하고자 하면 인근 경쟁레미콘사의 경우도 가격하향 경쟁에 끼어들지 않으면 물량 확보가 되지 않아 고사할 수밖에 없으니 경쟁적으로 가격을 낮추게 되는데, 그렇게 되면 치킨게임에서 가장 나쁜 결과인 둘이 부딪혀 둘다 망하는 사태로까지 발생할 수 있는 것이다.

11.4 레미콘업계의 대책

전술한 바와 같이 레미콘업계의 치킨게임에서 가격하락으로 출혈경쟁이 심하게 되면 저품질화로 버티기를 하다가 결국 둘 다 망하게 된다.

그러나 일반공산품의 경우 치킨게임에서 가격이 낮아져 저품질제품이 만들어졌다면 소비자가 즉시 알아채고 외면하게 되고, 혹시 저품질재료로 만들어진 저급품 때문에 손해를 입었다면 그 피해는 돈을 적게 투자한 소비자가 담당할 것임에 이 다음에는 무조건 저가품을 구입하지 않는 학습효과로 치킨게임은 의미없게 된다.

그러나 레미콘의 경우는 어떠한가? 우선 저급품이라는 것을 눈으로 보아서 알 수 있는 사람이 거의 없다. 따라서 레미콘을 구입하는 데에서는 차이를 모르는데, 문제는 거푸집 속에 부어넣은 후 한 달이나 일정기간 혹은 건설물이 완성된 지 수 십년이 지난 후에야 나타난다. 전에도 언급한 바와 같이 직영공사, 소위 집장사 집의 경우는 내 집으로 허가를 내어 집을 짓기는 하지만, 얼마 살지 않고 매각하며 결국 그 피해는 모든 국민 혹은 국가의 몫이 된다. 물론 대규모 건설사에서 건설하는 건축물의 경우도 동일한 불량자재로 건설되었다면 내구성에 동일한 문제가 발생하여 결국 하자보증기간만 지나게 되면 고스란히 온 국민이 피해를 보게 됨으로써 국가적으로는 손해인 것이다.

따라서 일본의 경우를 예로 들면 레미콘 같은 내구성재이면서 만약에 발생한 품질결함의 피해가 고스란히 국민들에게 갈 수 있고, 또한 국가적인 고정투자의 질이 저하하여 국가적 손실이 된다는 것을 감지하여 오래 전인 1977년부터 공동판매제도(일명 공판제도)를 도입하여 운영하고 있다. 왜 일본 레미콘 관련자인들 치킨게임과 같은 무한경쟁 속에서 발생하는 우리나라의 현실과 같은 상황을 예측하지 못하였겠는가?

우리나라가 일본의 뒤를 20~30년 차이를 두고 따라 간다고 한다. 부족한 골재 사정이며 건설정책 등이 그렇게 되었는데, 최근에는 5년~10년의 차이를 두고 따라 가는 것도 있고, 경우에 따라서는 앞서 가는 것도 있는 마당인데, 유독 레미콘산업의 공판제도만은 30년도 넘었는데, 아직도 레미콘업계의 요구만이 목소리 높여 외쳐져서 겨우 공동연구, 공동시험만이 공정거래위원회에서 허용되고 있을 뿐 아직 공판제도는 요원한 것처럼 느껴진다.

예를 들면, 우리의 놀이문화 중 바둑에서 소위 소탐대실(작은 것을 탐내면 큰 것을 잃는다.)이란 것이 있고, 회도리(일명, 우대가시 ; 한 점을 먹어 좋아하고 박수치다보면 대마가 모두 죽어 결국은 게임에 지고 마는 것)의 교훈도 있으므로 이를 간과해서는 안 될 것이다.

11.5 결언

대략 IMF 지원체제에 놓인 1997년 전후의 시기를 기점으로 레미콘산업은 이전에는 언제나 수요가 많고 공급이 적은 상황이라 그렇게 문제시되지 않았지만, 최근에는 역전현상으로 수요가 적고 공급이 많은 상황으로 바뀌었다. 그렇다보니 지역에 따라 다르지만 최근에는 레미콘산업의 가동률이 20~30 % 밖에 되지 않는 것으로 보고되고 있다. 따라서 레미콘산업에서는 일부공장의 경우 독자생존을 위하여 지역 인근업체와 물량 확보를 위한 덤핑경쟁인 치킨게임을 벌이고 있는데, 이는 불보듯 뻔하게 품질저하로 나타나 국가 전체가 저품질로 멍드는 사회가 발생하고 있다.

IMF 지원체제 이후 바로 국가적으로는 일본의 예를 참조하여 공판제도를 도입했어야 했음에도 불구하고 주춤하는 사이에 시기를 놓치고 있는 것이다. 따라서 정부에서는 더 이상 저품질 자재를 양산하는 레미콘산업의 치킨게임을 방치하지 말고 하루속히 공동판매제도를 도입하여 확실한 품질로 지켜나가는 제도를 확립할 필요가 있다.

부 록

레미콘 · 아스콘 · 골재 게재 목차

- 제 1 회 콘크리트의 강도 증진 (1997년 8월)
- 제 2 회 매스콘크리트의 온도균열 (1997년 9월)
- 제 3 회 콘크리트 배합의 잔골재율(S/a) (1997년 10월)
- 제 4 회 골재의 입자분포와 콘크리트의 품질 (1997년 11월)
- 제 5 회 설계기준강도 · 호칭강도 · 배합강도 (1997년 12월)
- 제 6 회 구조체 관리용 공시체 (1998년 1월)
- 제 7 회 콘크리트의 초기동해 (1998년 2월)
- 제 8 회 KS 및 건축 · 토목의 콘크리트 (1998년 3월)
- 제 9 회 건축구조물에 있어 철근의 피복두께 (1998년 4월)
- 제 10 회 콘크리트의 소성수축 균열 (1998년 5월)
- 제 11 회 AE 공기량 (1998년 6월)
- 제 12 회 골재의 모양과 콘크리트의 품질 (1998년 7월)
- 제 13 회 시멘트 온도와 레미콘의 품질 (1998년 8월)
- 제 14 회 여름철 레미콘 생산에 있어 원자재 품질관리 (1998년 9월)
- 제 15 회 콘크리트의 건조수축 균열 (1998년 10월)
- 제 16 회 팽창콘크리트 (1998년 11월)
- 제 17 회 건축구조물의 거푸집 탈형시기 결정 (1998년 12월)
- 제 18 회 한중콘크리트 적용기간의 설정 (1999년 1월)
- 제 19 회 한중콘크리트에 있어서 계획배합의 결정 (1999년 2월)
- 제 20 회 콘크리트의 동해열화 현상 (1999년 3월)
- 제 21 회 유동화 콘크리트의 활용 (1999년 4월)

- 제 22 회 유동화 콘크리트의 배합설계 요점 (1999년 5월)
- 제 23 회 콘크리트용 부순골재의 품질 (1999년 6월)
- 제 24 회 서중콘크리트의 적용기간 (1999년 7월)
- 제 25 회 서중콘크리트의 제조관리 (1999년 8월)
- 제 26 회 서중콘크리트의 운반 및 부어넣기 (1999년 9월)
- 제 27 회 서중콘크리트의 표면마무리 및 양생 (1999년 10월)
- 제 28 회 환경친화형 콘크리트(Eco-concrete) (1999년 11월)
- 제 29 회 식생콘크리트의 개요 및 물리적 특성 (1999년 12월)
- 제 30 회 식생콘크리트의 생육 및 환경조정 특성 (2000년 1월)
- 제 31 회 플라이애쉬의 품질규정 및 굳지않은 콘크리트의 특성 (2000년 2월)
- 제 32 회 플라이애쉬를 사용한 경화콘크리트의 특성 (2000년 3월)
- 제 33 회 고로슬래그 미분말의 품질규정 및 굳지않은 콘크리트의 특성 (2000년 4월)
- 제 34 회 고로슬래그 미분말을 사용한 경화콘크리트의 특성 (2000년 5월)
- 제 35 회 레미콘 산업의 제로에미션 (2000년 6월)
- 제 36 회 실리카흄을 사용한 콘크리트의 특성 (2000년 7월)
- 제 37 회 시멘트 품질과 고강도 콘크리트의 유동성 (2000년 8월)
- 제 38 회 레미콘의 운반시간 (2000년 9월)
- 제 39 회 레미콘 압축강도 검사의 로트(Lot)와 시험횟수 (2000년 10월)
- 제 40 회 레미콘의 수입검사 순서 및 시료채취 (2000년 11월)
- 제 41 회 슬럼프 시험 (2000년 12월)
- 제 42 회 공기량 시험 (2001년 1월)
- 제 43 회 염화물량 시험 (2001년 2월)
- 제 44 회 온도측정 및 단위용적중량 시험 (2001년 3월)
- 제 45 회 압축강도 시험용 공시체 제작 (2001년 4월)
- 제 46 회 압축강도 시험 (2001년 5월)
- 제 47 회 인장, 휨 및 전단 시험 (2001년 6월)

- 제 48 회 레미콘 시험검사의 시기와 횟수 (2001년 7월)
- 제 49 회 압축강도 불합격 레미콘 조치 (2001년 8월)
- 제 50 회 콘크리트 마무리 상태의 검사 및 보수 (2001년 9월)
- 제 51 회 고내구성 콘크리트의 적용 대상 및 품질 (2001년 10월)
- 제 52 회 고내구성 콘크리트의 시공 및 피복두께 (2001년 11월)
- 제 53 회 고강도 콘크리트의 개요 (2001년 12월)
- 제 54 회 고강도 콘크리트용 재료 (2002년 1월)
- 제 55 회 고강도 콘크리트의 배합설계 (2002년 2월)
- 제 56 회 고강도 콘크리트의 시공품질관리 (2002년 3월)
- 제 57 회 고강도 콘크리트의 역학적 성질 및 내구성 (2002년 4월)
- 제 58 회 고성능 콘크리트의 폭열방지 (2002년 5월)
- 제 59 회 고성능 콘크리트의 자기수축 (2002년 6월)
- 제 60 회 회수수의 정의 및 굳지않은 콘크리트에 미치는 영향 (2002년 7월)
- 제 61 회 회수수가 경화콘크리트의 품질에 미치는 영향 및 사용기준 (2002년 8월)
- 제 62 회 레미콘 회수수 관련 설비관리 (2002년 9월)
- 제 63 회 슬러지의 효율적인 활용 (2002년 10월)
- 제 64 회 레미콘 공장의 선정 (2002년 11월)
- 제 65 회 콘크리트의 블리딩 발생 및 평가 (2002년 12월)
- 제 66 회 콘크리트의 블리딩에 미치는 영향 요인 (2003년 1월)
- 제 67 회 블리딩에 따른 콘크리트의 품질변화 (2003년 2월)
- 제 68 회 콘크리트의 블리딩 저감대책 (2003년 3월)
- 제 69 회 콘크리트 배합의 단위수량 (2003년 4월)
- 제 70 회 단위수량이 콘크리트 품질에 미치는 영향 (2003년 5월)
- 제 71 회 단위수량 시험법 (2003년 6월)
- 제 72 회 레미콘의 기수 형태 (2003년 7월)
- 제 73 회 레미콘의 가수방지 대책 (2003년 8월)

• 제 74 회 콘크리트 구조물에서 코어채취 방법 및 강도시험 (2003년 9월)
• 제 75 회 코어채취가 강도에 미치는 영향 (2003년 10월)
• 제 76 회 코어 압축강도에 미치는 재료 및 시험방법의 영향 (2003년 11월)
• 제 77 회 코어 압축강도 시험결과의 평가 (2003년 12월)
• 제 78 회 콘크리트용 내한제의 종류 및 특징 (2004년 1월)
• 제 79 회 내한성 혼화제를 이용한 굳지않은 콘크리트의 특성 (2004년 2월)
• 제 80 회 내한성 혼화제를 이용한 경화콘크리트의 특성 (2004년 3월)
• 제 81 회 KS규격에 있어서 레미콘 품질의 종류 (2004년 4월)
• 제 82 회 레미콘 생산에서 생산자와 구입자간의 협의사항 (2004년 5월)
• 제 83 회 레미콘 생산자가 구입자에게 제출(제시) 및 승인 받는 사항 (2004년 6월)
• 제 84 회 제품검사, 수입검사, 구조체 검사 (2004년 7월)
• 제 85 회 국내 부순모래의 현황과 사용실태 (2004년 8월)
• 제 86 회 국내 생산 부순모래의 품질 특성 (2004년 9월)
• 제 87 회 부순모래의 품질향상 방안 (2004년 10월)
• 제 88 회 우리나라 시멘트의 발전방향 (2004년 11월)
• 제 89 회 일본 강점기의 콘크리트 (2004년 12월)
• 제 90 회 장시간 운반 콘크리트의 품질변화 (2005년 1월)
• 제 91 회 장시간 운반 콘크리트의 품질 회복제 개발 (2005년 2월)
• 제 92 회 콘크리트 시공에서 서둘러야 하는 것 (2005년 3월)
• 제 93 회 콘크리트 시공에서 서두르면 안 되는 것 (2005년 4월)
• 제 94 회 바닥 마루판의 솟아오름(팽창박리) (2005년 5월)
• 제 95 회 콘크리트와 사이다 · 콜라 (2005년 6월)
• 제 96 회 콘크리트의 표면박리 (2005년 7월)
• 제 97 회 콘크리트의 비파괴시험 개요 (2005년 8월)
• 제 98 회 슈미트 해머법 비파괴시험 개요 및 방법 (2005년 9월)

- 제 99 회　슈미트 해머법 비파괴시험 영향인자 (2005년 10월)
- 제 100 회　초음파 속도법 및 복합법 (2005년 11월)
- 제 101 회　콘크리트 균열에 대한 사고(思考) (2005년 12월)
- 제 102 회　콘크리트의 허용 균열폭 (2006년 1월)
- 제 103 회　콘크리트의 균열방지 (2006년 2월)
- 제 104 회　건설물의 온도변화에 따른 팽창수축 (2006년 3월)
- 제 105 회　콘크리트의 조성과 보수보강에서 선팽창계수 (2006년 4월)
- 제 106 회　주택성능 등급제와 관련한 콘크리트의 성능등급 (2006년 5월)
- 제 107 회　주택성능 등급제에 따른 콘크리트산업의 대처방안 (2006년 6월)
- 제 108 회　중국 시멘트의 현황과 국가 규격 (2006년 7월)
- 제 109 회　중국 시멘트의 품질 규격 (2006년 8월)
- 제 110 회　콘크리트용 용수의 염화물 등 수질 규정 (2006년 9월)
- 제 111 회　석회석 미분말을 사용한 콘크리트의 특성 (2006년 10월)
- 제 112 회　시멘트의 발달사 (2006년 11월)
- 제 113 회　우리나라 시멘트의 역사 (2006년 12월)
- 제 114 회　콘크리트의 역사 (2007년 1월)
- 제 115 회　소규모 포장콘크리트의 결함방지 (2007년 2월)
- 제 116 회　콘크리트 백화(白華 ; Efflorescence)방지 (2007년 3월)
- 제 117 회　콘크리트의「암」알칼리골재반응 (2007년 4월)
- 제 118 회　수요자의 요구에 부응하는 맞춤형 시멘트의 개발 및 활용 (2007년 5월)
- 제 119 회　섬유보강 콘크리트의 개요 및 무기계 섬유보강 콘크리트 (2007년 6월)
- 제 120 회　유기계 섬유보강 콘크리트 (2007년 7월)
- 제 121 회　SIFCON의 특성 및 방폭 콘크리트의 개발 (2007년 8월)
- 제 122 회　초고성능 콘크리트와 관련한 용어 (2007년 9월)
- 제 123 회　고인성 고성능 콘크리트의 특성 (2007년 10월)

- 제 124 회　고인성 고성능 콘크리트의 수축저감 및 내화특성 (2007년 11월)
- 제 125 회　공장바닥 마감 콘크리트의 표면층 균열 및 층분리 (2007년 12월)
- 제 126 회　기둥에 발생한 인장균열 (2008년 1월)
- 제 127 회　유해한 작용에 대한 보호 (2008년 2월)
- 제 128 회　진동으로부터 콘크리트의 보호 (2008년 3월)
- 제 129 회　우량레미콘제 (2008년 4월)
- 제 130 회　선무당이 레미콘 잡는다 1 (2008년 5월)
- 제 131 회　선무당이 레미콘 잡는다 2 (2008년 6월)
- 제 132 회　선무당이 레미콘 잡는다 3 (2008년 7월)
- 제 133 회　SI단위의 이해 (2008년 8월)
- 제 134 회　SI단위의 사용규칙 (2008년 9월)
- 제 135 회　고강도 콘크리트의 내화성능 관리 (2008년 10월)
- 제 136 회　응결시간의 의미(2008년 11월)
- 제 137 회　시멘트의 제조 (2008년 12월)
- 제 138 회　시멘트의 소성공정 (2009년 1월)
- 제 139 회　시멘트의 마무리(분쇄)공정 (2009년 2월)
- 제 140 회　시멘트의 수화반응 (2009년 3월)
- 제 141 회　표준편차(Standard deviation) (2009년 4월)
- 제 142 회　품질 불감증 문제 (2009년 5월)
- 제 143 회　정규분포 (Normal distribution) (2009년 6월)
- 제 144 회　경량콘크리트의 개요 및 무 잔골재 콘크리트 (2009년 7월)
- 제 145 회　경량골재의 개요 (2009년 8월)
- 제 146 회　경량골재의 품질규격 (2009년 9월)
- 제 147 회　경량골재의 콘크리트의 제조 및 시공 (2009년 10월)
- 제 148 회　경량골재의 콘크리트의 특성 (2009년 11월)
- 제 149 회　경량기포 콘크리트의 개요 및 제조 (2009년 12월)

• 제 150 회　경량기포 콘크리트의 품질규격 및 특성 (2010년 1월)
• 제 151 회　품질시험의 기본단위「로트(lot)」(2010년 2월)
• 제 152 회　4대강 준설토사의 콘크리트용 골재화 대책 (2010년 3월)
• 제 153 회　에지테이터 트럭 드럼의 커버 문제 (2010년 4월)
• 제 154 회　겨울철 기상이변과 콘크리트의 대응(Ⅰ) (2010년 5월)
• 제 155 회　겨울철 기상이변과 콘크리트의 대응(Ⅱ) (2010년 6월)
• 제 156 회　슬래브 및 보의 하부 거푸집 해체(Ⅰ) (2010년 7월)
• 제 157 회　슬래브 및 보의 하부 거푸집 해체(Ⅱ) (2010년 8월)
• 제 158 회　콘크리트 표면품질에 미치는 배합요인 (2010년 9월)
• 제 159 회　콘크리트 표면품질에 미치는 알루미늄 거푸집 표면 코팅재의 영향(Ⅰ) (2010년 10월)
• 제 160 회　콘크리트 표면품질에 미치는 알루미늄 거푸집 표면 코팅재의 영향(Ⅱ) (2010년 11월)
• 제 161 회　콘크리트에 골재를 사용하는 이유 (2010년 12월)
• 제 162 회　골재의 분류 중 잔골재와 굵은골재 (2011년 1월)
• 제 163 회　산지 및 생산방식에 따른 골재의 종류 및 특성 (2011년 2월)
• 제 164 회　콘크리트용 골재에 요구되는 품질 (2011년 3월)
• 제 165 회　콘크리트용 골재의 표준입도 (2011년 4월)
• 제 166 회　순환골재는 귀중한 자원 (2011년 5월)
• 제 167 회　콘크리트의 중성화 개요 (2011년 6월)
• 제 168 회　중성화에 영향을 미치는 요인 (2011년 7월)
• 제 169 회　중성화년수 산출 및 중성화 억제 대책 (2011년 8월)
• 제 170 회　콘크리트 염해 (2011년 9월)
• 제 171 회　콘크리트 화학적 부식(Ⅰ) (2011년 10월)
• 제 172 회　콘크리트 화학적 부식(Ⅱ) (2011년 11월)
• 제 173 회　블록 및 벽돌의 품질규정 문제(Ⅰ) (2011년 12월)
• 제 174 회　블록 및 벽돌의 품질규정 문제(Ⅱ) (2012년 1월)
• 제 175 회　건설공사의 낙찰제와 품질문제 (2012년 2월)

- 제 176 회 호칭강도 규격보다 현저히 큰 압축강도 (2012년 3월)
- 제 177 회 우리나라 레미콘의 배합설계 개선방향(Ⅰ) (2012년 4월)
- 제 178 회 우리나라 레미콘의 배합설계 개선방향(Ⅱ) (2012년 5월)
- 제 179 회 고강도 콘크리트의 운반시간 한도 (2012년 6월)
- 제 180 회 장시간 운반에 따른 레미콘의 품질변화 (2012년 7월)
- 제 181 회 콘크리트의 층이음 균열 (2012년 8월)
- 제 182 회 온도차와 콘크리트의 균열 (2012년 9월)
- 제 183 회 콘크리트 코어 압축강도의 유권해석 (2012년 10월)
- 제 184 회 콘크리트 크리프(Creep) (2012년 11월)
- 제 185 회 콘크리트 탄성수축차에 의한 균열 (2012년 12월)
- 제 186 회 균열에 있어 시공시기의 영향 (2013년 1월)
- 제 187 회 차폐 콘크리트(중량 콘크리트) (2013년 2월)
- 제 188 회 체코 프라하를 다녀와서 (2013년 3월)
- 제 189 회 이 일을 어찌할고?(표면층 박리 동해) (2013년 4월)
- 제 190 회 모두에게 이익이 되는 셈 법(Ⅰ) (2013년 5월)
- 제 191 회 모두에게 이익이 되는 셈 법(Ⅱ) (20013년 6월)
- 제 192 회 콘크리트-폴리머 복합체의 개요 및 폴리머 시멘트 콘크리트 (2013년 7월)
- 제 193 회 폴리머 콘크리트 (2013년 8월)
- 제 194 회 폴리머 함침 콘크리트 (2013년 9월)
- 제 195 회 120년 경과된 콘크리트와의 만남 (2013년 10월)
- 제 196 회 이색(異色)골재와 콘크리트의 품질 (2013년 10월)
- 제 197 회 카본블랙을 이용한 콘크리트(Ⅰ) (2013년 11월)
- 제 198 회 카본블랙을 이용한 콘크리트(Ⅱ) (2013년 12월)
- 제 199 회 카본블랙을 이용한 콘크리트(Ⅲ) (2014년 1월)
- 제 200 회 착색제를 이용한 컬러 콘크리트 (2014년 2월)
- 제 201 회 설계에 있어 빈도(頻度)의 고려문제 (2014년 3월)
- 제 202 회 콘크리트의 재료분리 개요 (2014년 4월)

- 제 203 회 콘크리트의 재료분리 평가방법 (2014년 5월)
- 제 204 회 콘크리트 부재설계에서 안전율 (2014년 6월)
- 제 205 회 레미콘 호칭강도의 정확한 이해 (2014년 7월)
- 제 206 회 중유동 콘크리트의 보급제안 (2014년 8월)
- 제 207 회 레미콘업계의 치킨게임 문제 (2014년 9월)
- 제 208 회 혼화재료의 정의 및 분류 (2014년 10월)
- 제 209 회 AE제 (2014년 11월)
- 제 210 회 감수제 · AE감수제 (2014년 12월)
- 제 211 회 고성능감수제 · 유동화제 (2015년 1월)
- 제 212 회 고성능AE감수제 (2015년 2월)
- 제 213 회 응결시간 조절제 (2015년 3월)
- 제 214 회 매스콘크리트의 온도균열지수 (2015년 4월)
- 제 215 회 매스콘크리트의 열특성 및 온도해석 (2015년 5월)
- 제 216 회 매스콘크리트의 인장강도와 온도응력해석 (2015년 6월)
- 제 217 회 가뭄 극복 레미콘 용수 (2015년 7월)
- 제 218 회 매스콘크리트의 시공 (2015년 8월)
- 제 219 회 매스콘크리트 응결시간차 공법 적용 (2015년 9월)
- 제 220 회 응결시간차 공법의 실무 적용 사례 (2015년 10월)
- 제 221 회 매스콘크리트의 상 · 하부 수화발열량 및 시간차 조정공법 (2015년 11월)
- 제 222 회 콘크리트의 화학적 부식 (2015년 12월)
- 제 223 회 멍청한 실험, 위대한 발견 (2016년 1월)
- 제 224 회 자기수축 저감제의 개발 (2016년 2월)
- 제 225 회 자기수축 저감제의 실구조체 적용 (2016년 3월)
- 제 226 회 ERCO의 내구성 증진제 및 기타 활용 (2016년 4월)
- 제 227 회 콘크리트 양생의 정의 및 개요 (2016년 5월)
- 제 228 회 콘크리트타설 표면의 양생순서와 시기 (2016년 6월)
- 제 229 회 콘크리트 양생방법과 재료 (2016년 7월)

- 제 230 회　양생용 버블시트의 개발 (2016년 8월)
- 제 231 회　동절기용 2중 버블시트 활용 (2016년 9월)
- 제 232 회　하절기용 백색 1중 버블시트의 활용 (2016년 10월)
- 제 233 회　콘크리트의 품질 신속평가법 개요 (2016년 11월)
- 제 234 회　물리적 원리에 의한 품질 신속평가 (2016년 12월)
- 제 235 회　화학적 원리에 의한 품질 신속평가 (2017년 1월)
- 제 236 회　역학적 원리 및 기타에 의한 품질 신속평가 (2017년 2월)
- 제 237 회　분체계 원자재의 인수검사(I) (2017년 3월)
- 제 238 회　분체계 원자재의 인수검사(II) (2017년 4월)
- 제 239 회　분체계 원자재의 인수검사(III) (2017년 5월)
- 제 240 회　교회에서 간증을? (2017년 6월)
- 제 241 회　슬럼프 시험 (2017년 7월)
- 제 242 회　서중환경시 거푸집 및 철근의 온도특성(1) (2017년 8월)
- 제 243 회　서중환경시 거푸집 및 철근의 온도특성(2) (2017년 9월)
- 제 244 회　별것도 아닌것을 (2017년 10월)
- 제 245 회　연구의 이삭줍기 (2017년 11월)
- 제 246 회　고유동 콘크리트의 개요 (2017년 12월)
- 제 247 회　고유동 콘크리트 자재 및 배합 (2018년 1월)
- 제 248 회　고유동 콘크리트 시공 (2018년 2월)
- 제 249 회　콘크리트용 골재 통합(I) (2018년 3월)
- 제 250 회　콘크리트용 골재 통합(II) (2018년 4월)

참고문헌

〈기본문헌〉

1. 한천구 ; 기술강좌 1회~250회, 레미콘 · 아스콘 · 골재, (주)건설미디어, 1997. 8~2018.4
2. 대한건축학회 ; 건축공사 표준시방서, 대한건축학회, 1966, 1978, 1986, 1994, 1999, 2006, 2013년판
3. 한국콘크리트학회 ; 콘크리트 표준시방서, 한국콘크리트학회, 1999, 2003, 2009년판
4. 대한토목학회 ; 콘크리트 표준시방서, 대한토목학회, 1961, 1969, 1978, 1988, 1996년판
5. ACI ; ACI Manual of Concrete Practice Part 1~5, 1990.
6. 한국표준협회 ; KS F 4009 외 KS 규격집, 1961~현재
7. ASTM ; ASTM Standards in Building Codes, Vol. 1~4, 1997.

〈Ⅰ원 재료〉

8. 한국콘크리트학회 ; 최신 콘크리트공학, 기문당, 2005.
9. 김무한 ; 신현식, 김문한 ; 건축재료학, 문운당, 2013.
10. 김수마 ; 건설재료공학-1, 기술공단, 1985.
11. 대한건축학회 ; 건축재료, 기문당, 2013.
12. 한천구 ; 콘크리트의 특성과 배합설계, 기문당, 2011.
13. 청주대학교 산학협력단 ; KS골재와 비KS골재를 사용한 콘크리트의 공학적 특성 및 내구성 평가, ㈜삼표산업 용역보고서, 2015.12
14. 민경철 ; 수도권지역의 저품질 골재 사용이 콘크리트의 특성에 미치는 영향, 청주대학교 대학원 박사학위논문, 2016.2

15. 이준석 ; 우리나라 권역별 유통골재의 품질 및 이를 사용한 콘크리트의 특성평가, 청주대학교 대학원 박사학위논문, 2018.2
16. 한국콘크리트학회 ; 콘크리트 혼화재료, 기문당, 1997.
17. 한천구 ; 기타 혼화재 및 화학혼화제, 아세아시멘트 기술교육자료, 2014.4
18. 김태완 ; 물이 아닌 액체의 종류변화에 따른 콘크리트의 공학적 특성에 관한 연구, 청주대학교 대학원 석사학위논문, 2009.2
19. 이동규 ; 유지류를 활용한 고강도 콘크리트의 자기수축 저감, 청주대 대학원 박사학위논문, 2012.12
20. 김태청 ; 유화처리 정제식용유를 이용한 고강도 콘크리트의 자기수축저감, 청주대학교 대학원 박사학위논문, 2013.2
21. 우대훈 ; 유화처리 정제식용유(ERCO)의 혼입이 혼화재 다량치환 콘크리트의 내구성에 미치는 영향, 청주대학교 대학원 박사학위논문, 2014.2
22. 최영두 ; 유지류 도포에 의한 혼화재 다량치환 콘크리트의 탄산화저항성 향상, 청주대학교 대학원 박사학위논문, 2016.2
23. 조만기 ; ERCO를 사용한 고성능 콘크리트의 자기수축저감 현장 적용, 청주대학교 대학원 박사학위논문, 2017.2
24. 조성준 ; 유화처리 정제식용유 및 섬유혼입변화에 따른 HPFRCC의 물성 및 자기수축저감, 청주대학교 대학원 박사학위논문, 2018.2
25. 日本コンクリート学会 ; コンクリート中の気泡の役割、制御に関する研究委員会報告書, 2016.6

〈II 보통 콘크리트〉

26. 한국콘크리트학회 ; 콘크리트 양생, 기문당, 2015.
27. 임춘근 ; 표면단열재 변화에 따른 한중콘크리트의 보온 양생공법 개발, 청주대학교 대학원 박사학위논문, 2008.2
28. 한천구 ; 콘크리트의 특성과 배합설계, 기문당, 1999.
29. 백대현 ; 2중 버블시트를 이용한 한중콘크리트의 양생공법 개발, 청주대학교 대학원 박사학위논문, 2011.2

30. 손명식 ; 한중콘크리트용 가열보온양생막의 개발 및 현장 적용, 청주대학교 대학원 박사학위논문, 2013.2
31. 손호정 ; 저온 조건에서 타설된 콘크리트의 보온양생 공법개발, 청주대학교 대학원 박사학위논문, 2013.8
32. 이정교 ; 백색 버블시트의 표면피복양생에 의한 콘크리트 균열저감기법의 현장 적용성 평가, 청주대학교 대학원 박사학위논문 2018.2
33. 한천구 ; 레미콘 호칭강도의 정확한 이해, 한국건설기술관리협회지(KACEM), Vol. 193, 2015.
34. 한천구 ; 화학적 침식 및 화재, 아세아시멘트 기술교육자료, 2016.3
35. 丸屋剛外 3人 ; 締固めエネルギーの観点から見たフレッシュコンクリートの品質および施工性の評価, コンクリート工学, vol.51, No.4, 2013.4

〈III 특수 콘크리트〉

36. 한국건축시공학회 ; 하이원 워터월드 신축공사 초기동해관련 진단용역보고서, 2017.11
37. 김경은 ; 계절변화에 따른 건설현장 거푸집 및 철근의 온도특성, 청주대학교 대학원 석사학위논문, 2014.2
38. 김기철 ; 증점제를 이용한 고유동 콘크리트의 특성 및 실용화에 관한 연구, 청주대학교 대학원 박사학위논문, 1999.2
39. 한천구, 김기철, 박병관 ; 재료분리 평가정수에 의한 재료분리 평가법의 제안, 한국콘크리트학회 가을 학술발표대회 논문집, 2008.
40. 한국콘크리트학회 ; 고유동 콘크리트의 제조 및 시공, 기문당, 2010.
41. 한인덕 ; 잔골재율 및 단위수량 변화에 따른 콘크리트의 공학적 특성, 청주대학교 대학원 박사학위논문, 2017.2
42. 심보길 ; 당류계 초지연제의 개발 및 활용성에 관한 연구, 청주대학교 대학원 석사학위논문, 2002.2
43. 윤치환 ; 초지연제를 이용한 콘크리트의 효율적인 활용방안에 관한 연구, 청주대학교 대학원 박사학위논문, 2004.2

44. 김 종 ; 응결시간 및 발열량차를 활용한 매스콘크리트 균열저감, 청주대학교 대학원, 박사학위논문, 2009.2
45. 장덕배 ; 조분 시멘트와 플라이애시 조합에 의한 매스콘크리트의 수화열 저감 및 활용, 청주대학교 대학원 박사학위논문, 2010.8
46. 이향재 ; 자원순환형 알칼리 자극제를 이용한 고로슬래그 미분말 다량치환 매트 기초용 콘크리트개발, 청주대학교 대학원 박사학위논문, 2014.2
47. 김민호 ; 상·하부 발열량차 공법을 이용한 기초매트 매스 콘크리트의 수화열 균열저감, 청주대학교 대학원 박사학위논문, 2017.2

〈IV 레미콘 품질관리〉

48. 한천구 ; 분체계 원자재의 분말도 품질 신속평가, 아세아 전사기술세미나, 2017.11
49. 송홍호 ; 액체밀도계를 이용한 플라이애시의 분말도 신속평가 및 플라이애시 품질변화에 따른 모르타르의 특성, 청주대학교 대학원 박사학위논문, 2018.2
50. 한천구 ; 콘크리트 강도의 조기추정에 관한 연구, 충남대학교 대학원 박사학위논문, 1989.2
51. 한국콘크리트학회 ; 콘크리트 구조설계기준 해설, 기문당, 2008.1

저자 / 한천구(韓千求)

- 청주대학교 이공대학 건축공학과, 공학사
- 단국대학교 대학원 석사과정, 공학석사
- 충남대학교 대학원 박사과정, 공학박사
- 일본 북해도대학 Post Doctoral Fellowship 연수
- 건축기술사(건축시공, 건축품질시험)
- 충북도, 청주시 및 기타 시군 건축심의위원 역임
- 건설미디어사 「레미콘·아스콘·골재」편집 자문위원
- 건축기술사 시험 출제·채점·면접위원 역임
- 하자심사분쟁조정위원회, 중앙건축위원회, 중앙건설위원회 위원 역임
- 한국건설품질기술사회 회장 역임
- 대한건축학회 충북지회장 역임
- 한국콘크리트학회 부회장 역임
- 한국건설순환자원학회 회장 역임
- 한국건축시공학회 회장 역임
- 청주대학교 기획처장, 대학원장 역임
- 현 청주대학교 명예 석좌 교수

레미콘 · 건축 · 토목공사의 품질관리를 위한

레미콘 품질관리(Ⅴ)

2018년 4월 30일 1판 1쇄 발행
2023년 5월 30일 1판 2쇄 발행

저 자	한 천 구
발 행 인	강 해 작
발 행 처	기 문 당
주 소	서울시 성동구 무학봉 28길 4-1
전 화	02)2295-6171(代)~5
팩 스	02)6971-8188
출판등록	1976. 10. 7(1976-2)
홈페이지	http://www.kimoondang.com
I S B N	978-89-6225-789-2 93540

이 도서의 국립중앙도서관 출판시도서목록(CIP)은 서지정보유통지원시스템 홈페이지(http://seoji.nl.go.kr)와 국가자료공동목록(http://www.nl.go.kr/kolisnet)에서 이용하실 수 있습니다.(CIP제어번호:2018012270)